科学发现之旅

U0198397

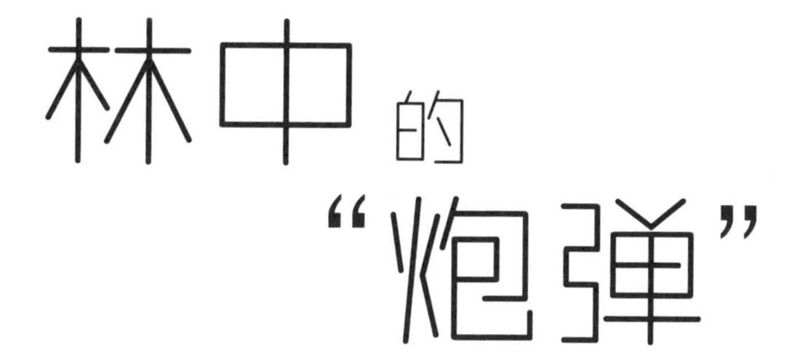
林中的“炮弹”

陈积芳——主编　　严玲璋 等——著

上海科学技术文献出版社
Shanghai Scientific and Technological Literature Press

图书在版编目（CIP）数据

林中的“炮弹”/严玲璋等著．—上海：上海科学技术文献出版社，2018
（科学发现之旅）
ISBN 978-7-5439-7692-4

Ⅰ．①林… Ⅱ．①严… Ⅲ．①植物—普及读物 Ⅳ．①Q94-49

中国版本图书馆 CIP 数据核字 (2018) 第 161295 号

选题策划：张　树
责任编辑：贾素慧　李　莺
封面设计：樱　桃

林中的“炮弹”
LINZHONG DE PAODAN
陈积芳　主编　严玲璋　等著
出版发行：上海科学技术文献出版社
地　　址：上海市长乐路 746 号
邮政编码：200040
经　　销：全国新华书店
印　　刷：常熟市华顺印刷有限公司
开　　本：650×900　1/16
印　　张：13.5
字　　数：129 000
版　　次：2018 年 8 月第 1 版　2018 年 8 月第 1 次印刷
书　　号：ISBN 978-7-5439-7692-4
定　　价：32.00 元
http://www.sstlp.com

目录

美丽又可入药的百合

百合原产亚洲东部温带地区，中国、日本、朝鲜都有野生百合分布，我国普遍栽培的有白花百合（如龙牙百合）、橙黄花百合（如兰州百合）、微黄花百合（如宜兴百合），在上海市场上常见的百合有宜兴百合和兰州百合。

宜兴百合，鳞茎较小，白色微黄，但肉质细，味微苦；兰州百合，鳞茎较大，白色肉质粗些，味甜。

传统医学认为，百合性平味甘、能补中益气，养阴润肺，止咳平喘，利大小便，早在汉朝即已入药。

现代医学研究发现，百合含果胶甚丰（占 5.6%），能降低胆固醇，降低血糖，增进大肠功能，促进排便通畅；百合高钾低钠（钾钠比为 76∶1），能预防高血压，有保护血管的作用；百合含有百合苷和秋水仙胺，能抑制癌细

胞增殖，有抗癌作用。

百合花亭亭玉立，香气喜人，颇具观赏价值。法国人推选百合为国花。智利人定野百合花为国花。欧洲古时曾流行着一个美好的传说：有位公爵被一位美丽的姑娘吸引，决心娶她为妻，但姑娘不忍抛下老母去享受荣华富贵，一再婉言谢绝。公爵哪肯罢休，紧紧拉住姑娘的手不放，坚持要她同去。顷刻，姑娘忽然无影无踪，随即飘来一阵清香，定睛细看，原来姑娘站立处出现一株亭亭玉立的百合花。从此，在欧洲就流传一句谚语，“一位美丽的姑娘是百合变的，百合花赛过所罗门的荣华”。所罗门是古代以色列国王，百合花在人们心目中的地位可想而知。

（王统正）

杂交水稻是怎样诞生的

2004 年 5 月 9 日，中国工程院院士袁隆平教授在以色列的首都耶路撒冷接受了以色列总统卡察夫颁发的沃尔夫农业奖。

沃尔夫奖一向有犹太人的诺贝尔奖之称，评奖时都由世界著名的科学家担任评委。这一回，所有的评委都认为袁隆平应该获奖，这是因为他对世界粮食生产作出了巨大的贡献：不仅大大提高了水稻产量，而且向世界各国科学家提供了自己的知识、技术和育种材料。

袁隆平教授的成功源于他对杂交水稻的研究，而对杂交水稻的研究则源于年轻时做过的一个梦。

袁教授从小就喜欢动脑筋，爱提问题，被老师称为“爱提问题的学生”。一次，参观了一家园艺场，他就对大自然中的一草一木发生了浓厚的兴趣。高中毕业后他考取了西南农学院农学系，一心想好好地研究自然，造福于人类。

他做过一个非常美丽的梦，袁教授梦见水稻长得跟人一般高，稻穗沉甸甸地弯下了腰，看得人笑逐颜开。

1960 年，袁教授偶然发现了一棵天然的杂交水稻，这给他以很大的启示，他想，世界上有 1/2 的人口以去壳的水稻种子——大米为主食，仅仅在中国，水稻的栽培面积就占所有粮食作物栽培面积的 1/4，如果能把水稻的产量搞上去，那岂不是可以解决广大群众的温饱问题。

袁教授想，要提高水稻产量，无非是改善水稻的生活环境，改良水稻的品种。但前者的改进是很有限的，弄不好还会破坏生态平衡，而后者则不同了，因为种子改良了，遗传物质也会发生改变，从而可以发生质的飞跃。可是，以往人们进行水稻杂交育种总是以失败而告终。这又是怎么一回事呢?

原来，水稻是雌雄同株的植物，即同一棵植株既开雄花，也开雌花。这样，植株本身很容易发生自花传粉。育种学家好不容易培育出抗病力强的杂种后代，因为自花传粉的原因，品种却很容易退化。袁隆平想，要是有一棵雄花天然退化的水稻就好了。于是他就四处寻找雄花退化的野生水稻。从 1964 年到 1965 年，他总共调查了 14 多万棵水稻，找到了 36 棵雄性不育的植株。只可惜，不久以后，他的研究因种种原因暂时停了下来。幸好，从 1967 年起，袁教授的水稻雄性不育课题被列入省级科研项目。从 1968 年起，他又把目光瞄到了我国的海南岛。因为在那里一年四季天气都很炎热，适于水稻的生长，在那里育种能缩短育种的时间。

1970 年的一天，袁教授的两位学生在海南省一片沼泽地边发现了一棵雄花完全退化的野生水稻。袁教授得知此事后马上赶到海南。他把这棵“雌水稻”当作宝贝一般守护起来，还替它进行人工传粉，终于使“雌水稻”顺利结子。

以后，袁教授将“雌水稻”的后代种了下去，又得到了雄花萎缩的后代，这些后代被称作雄性不育系（简称不育系）。他将正常水稻的花粉给不育系的雌水稻授粉，使它们也能结子。这些正常水稻便被称为雄性不育保持系（简称保持系）。

为了使不育系的水稻产出雄花恢复正常而杂交优势十分明显的后代，袁教授又千方百计弄到了菲律宾水稻研究所培育的优质水稻花粉，并把它们授在了不育系水稻的柱头上，几经周折，才培育出了雄花正常的杂交水稻。这种杂交水稻被称为雄性不育恢复系（简称恢复系）。

就这样，从 1964 年开始筹划杂交水稻课题，经过了 12 个春秋，克服了常人难以想象的困难，袁教授在 1978 年成功地培育出了三系（指不育系、保持系和恢复系）杂交水稻，揭开了绿色革命的序幕。与普通水稻相比，每公顷杂交水稻的收获量要提高 1.6 吨。自推广以来，杂交水稻的种植面积已达 2.01 亿公顷，增产的重量达近 4 亿吨。这些增产的水稻能供 3 500 多万人吃上一年。

如今，在广袤的中国大地上，一半以上的稻田里种上了袁教授利用三系培养出来的杂交水稻稻种，全国收获的稻谷中有 60% 产自杂交水稻。

不仅如此，袁教授还将杂交水稻推向世界，让发展中国家的人们也能享受这项成果，解决温饱问题，这是多么博大的胸怀！从 1981 年至 1998 年，袁教授在湖南省杂交水稻研究中心总共举办了 38 期国际杂交水稻培训班。

正如一位美国著名学者所说的："袁隆平为中国赢得了宝贵的时间，他在农业科学上的成就击败了饥饿的威胁，他正引导我们走向一个丰衣足食的世界。"

袁教授的杂交水稻已被世人公认为是继中国古代四大发明以后的第五大发明，而他本人也于 1981 年获得了国家颁发的第一个特等发明奖；1982 年被国际水稻研究所称为"中国杂交水稻之父"；1987 年获得联合国知识产权组织颁发的"杰出发明奖"；1995 年被选为中国工程院院士；2001 年获首届国家最高科技奖；2004 年又获世界粮食基金会的年度世界粮食奖，等等。

▼ 中国培育的"超级稻"

成绩和荣誉并没有阻碍袁教授的步伐，如今他又开始培育"超级水稻"。2000 年种植"超级水稻"的试验项目已达到每亩收

▲ 中国是最早栽培水稻的国家

获 700 千克的目标。从 1997 年起，他又开始向每亩收获 800 千克的目标前进。在这位年逾古稀的智慧老人的字典里，似乎找不到“满足”和“停留”这些字眼，他永远要跑在时代的最前列！

（张小林）

冰里开花

20 世纪 60 年代，在我国东北的哈尔滨市，有关方面曾经举办过一次相当轰动的花卉展览。

展览上最出风头的是一盆盛开在冰雪中的小花，那花呈黄色，开放在茎部的顶端，就像一只只小酒盏一样。早春季节，在冰城哈尔滨，天气仍然冷得够呛，路上的行人全都把自己捂得严严实实，来也匆匆，去也匆匆。可这些小草却不怕冷，它们那淡紫色的花萼托着黄色的花瓣看上去很是精神，尽管寒风把小草吹得一歪一斜的，但它们仍然昂起了头，像是在宣告：冬天已经过去，春天还会远吗？

这开着黄色小花的就是有名的冰凌花。在冰凌花的老家——黑龙江省、吉林省和辽宁省的茫茫林海边，早春的冰雪尚未融去，阳光中已经透出几丝暖意，冰雪依然覆盖的大地上却像是约好了似的，一夜之间冰凌花全都开放了。在刺骨的寒风里，在肃杀的景色中，盛开的冰凌花带来的不仅仅是异乎寻常的美丽，它们还带来了顽强的自信。怪不得，凡是看过冰凌花开花的人都不会忘记这种生命力顽强的小花。

冰凌花的学名叫侧金盏花，又叫冰里花、凉了花、顶冰花、冰顶花和冷凉花，在植物分类学上属毛茛科，与牡丹和芍药有着一定的亲缘关系。在冰凌花身上具有毛茛科的一些原始性状，比如，花被的分化并不明显——花瓣与花萼的大小和形态相差并不多；雄蕊多数、分离，螺旋状排列；果实为聚合瘦果。

但是，这些原始的性状丝毫不减冰凌花凌雪傲霜的魅力。冰凌花是一种先开花、后长叶的植物，当它那黄色花儿绽放的时候，包在淡褐色或白色的鞘质膜中的嫩绿色叶芽已经在萌动之中。冰凌花的开花时间大约是 10 天。10 天以后，它们就抽生出三角形、呈羽状全裂的叶子，这叶子很像胡萝卜的叶子。它们的紫色茎在开花时长仅 5～15 厘米，在开花以后猛长到 40 厘米。

冰凌花是一种多年生植物，它长有粗短的根状茎，根状茎上还长有许多胡须般的侧根。冰凌花开花时间一直可以持续到 5 月初。5 月末 6 月初，冰凌花的种子就能成熟。每个冰凌花的聚合果可包含 70 枚淡绿色的种子，而 1 000 粒冰凌花的种子才 7.5 克重。当种子成熟以后，冰凌花的地上部分就枯萎了，它们进入了休眠期。

冰凌花为什么能在冰雪里傲放呢？这完全是因为冰

凌花长有粗壮的根状茎。冰凌花喜欢湿润的森林腐殖土，这种土壤里所含的无机盐和矿物质元素十分丰富，非常有利于养料的积累。因此，在冬天到来之前，冰凌花的根状茎早就储存了足够的营养。一到早春，这些营养便源源不断地供给冰凌花的花蕾，让它们在凛冽的寒风中，在冰天雪地里仍然灿烂地开出一地的黄花。

早在几千年前的周代，生活在黑龙江流域的我国少数民族曾将冰凌花作为奇花异草进贡给当时的皇帝。如今我们知道，冰凌花不仅是一种娇美但不失刚强的观赏植物，而且还是一种药用植物。据研究，冰凌花的全身都含有强心苷和非强心苷的成分，具有强心、利尿、镇静和减缓心跳的功能。

（张小林）

知识链接

关于冰凌花的希腊传说

冰凌花的名字来源于希腊神话中大名鼎鼎的阿多尼斯，是爱神维纳斯的情人。

在希腊神话中，阿多尼斯是美女米尔娜之子。米尔娜因与父基尼拉斯（传说中塞浦路斯的国王）私通，被维纳斯化为没药树，阿多尼斯就是从没药树中出生的。

阿多尼斯一生下就美貌无比，爱神维纳斯把他藏在桃金娘花中带出，托给冥后玻瑟芬抚养，结果两位女神都爱上了他。女神们争执不下，最后由宙斯决定：把阿多尼斯生命中每一年的时间都分成三份：1/3 的时间去陪伴冥后；1/3 的时间来陪伴情人爱神；剩下 1/3 的时间交给自己决定。

一到夏天，冰凌花植株的地上部分就会枯死，在希腊人眼里，阿多尼斯这是去阴暗的地府与冥后相会了。

寻寻觅觅杜鹃王

1919 年二三月份，一个名叫乔治 · 福雷斯特的英国人在纳西族向导的带领下来到了高黎贡山中一处名叫河头的地方。福雷斯特是植物学家，他一直对中国西南部的植物资源很感兴趣。从 1904 年起，他曾七度来华，采集了 31 000 多件标本，挖掘收集了几百麻袋种子和地下茎，其中杜鹃花标本就有 4 600 余件。

福雷斯特在向导的带领下来到密林深处，终于发现了一棵与众不同的大树。这棵大树树高 25 米，胸围达 2.6 米，要两个人才能合抱。当时正值开花期，一树的繁花将整棵树装点得如同锦簇一般。

福雷斯特迫不及待地让向导采下了花朵，仔细地观看起来。只见那花朵呈钟状，长达 10 厘米，“钟口”裂成了 8 瓣，16 枚长短不齐的雄蕊从花冠中伸出头来，花梗和子房上都密被淡棕色的绒毛。

再看看花朵，也着实让人惊奇：24 朵钟形花朵组成了一个大大的总状伞形花序，大得惊人，红得炫目，让人一看就忘不了。

福雷斯特又让向导摘下了叶片，这叶片大得出奇，用尺量量，最长的足足有 37 厘米长，24 厘米宽，叶片的先端钝圆，基部呈宽楔形，叶柄长达 4 厘米。

福雷斯特采下了大树的花、果和叶片的标本，最令人不可思议的是，他竟让向导将大树拦腰截断，取走了一块圆圆的树盘，然后携着标本，带着树盘，下山扬长而去。

福雷斯特将大树的标本和树盘一起带回了英国，以后又与他人一起将其命名为大树杜鹃，并作为新种发表于 1926 年的《爱丁堡皇家植物园》期刊上。那个有着 280 个年轮的树盘则被陈列于大英博物馆，作为展品向外展出。

▼ 杜鹃

福雷斯特的所作所为刺痛了每一个有良知的中国人的心，更刺痛了专门研究杜鹃花的植物学家冯国楣的心。

1980 年，中国科学院昆明植物研究所的杜鹃花专家冯国楣先生带领助手们又来到河头，并找到了当年带领福雷斯特砍树的纳西族向导。可惜，由于连日大雨，而且花期已过，他们最终没有找到大树杜鹃。冯先生决定第二年继续进山，去寻找“遗失”多年的国宝。

那一年，冯先生带领他的学生一头扎进原始森林，在潮湿闷热的林子里艰难地跋涉，翻过了一山又一山，越过了一岭又一岭，终于在海拔 2 380 米的密林中发现了久违的大树杜鹃，它的高度比被福雷斯特腰斩的那棵更高，达到 25 米。基部的直径达 1.57 米，整个树冠的面积达到 60 平方米。在盛花季节，大树杜鹃开出了水红色的钟形大花朵，每 20～30 朵成一个直径达 25 厘米的花序。

1982 年 4 月，云南省腾冲县林业局和林学会等单位组成了大树杜鹃的联合考察队来到了河头附近，在面积为 0.25 平方千米的范围内，发现了 40 棵大树杜鹃，其中胸径超过 1 米的就有十余棵。最大的一棵高达 30 米，基部直径达 3.07 米，树冠亭亭如伞，树龄超过了 500 年，堪称大树杜鹃之最!

大树杜鹃的重新发现，轰动了中国，更轰动了世界，这是因为大树杜鹃本身是一种极其珍贵的树种，可作观赏植物，也是一种原始的杜鹃花，在科研上有无可替代的作用。如今，为了更好地保护大树杜鹃，国家已将其列入国家二级保护植物，并将高黎贡山地区的保山市、腾冲县和泸水县之间东西宽 9 千米，南北长 135 千米，总面积达 12 万公顷的区域划为高黎贡山国家级自然保护区，用以保护包括大树杜鹃、秃杉、云南樱花、云南山茶花在内的珍稀植物和其他动植物资源。

与此同时，科学家还在积极进行大树杜鹃的人工培育和种植工作。他们在秋天采下大树杜鹃的果实，阴干后筛出细小的种子，贮藏起来，然后在第二年春天再将种子播于特殊的介质上，浇水后置于阴暗潮湿处，几经周折终于使得大树杜鹃的种子萌发了。

人们相信，只要肯付出爱心，大树杜鹃这种 800 多种杜鹃中最为珍贵、最为灿烂、最饱经磨难的珍贵树种就一定能在它们的故乡——中华大地上繁荣昌盛下去。

（张小林）

神秘的“笔”

位于湖北、四川、陕西三省交界处的神农架自然保护区，有一种著名的药材——文王一支笔，它实际上是双子叶植物筒鞘蛇菰的植株，分布于我国云南、四川、湖北和陕西，是多年生的草本植物，属蛇菰科。

经过研究，人们发现，筒鞘蛇菰事实上过的是寄生生活，它们的寄主就是那些高大的锥栗等阔叶树，筒鞘蛇菰依靠吸取阔叶树根部的营养生活。如果寄主长得高大、挺拔，筒鞘蛇菰便也活得滋润。

筒鞘蛇菰是怎样过上寄生生活的？原来，它们采取的方式类似于肉苁蓉或草苁蓉所用过的伎俩。筒鞘蛇菰的种子十分细小，遇到寄主的根部分泌的汁液便会及时萌发，与寄主的根部融合。

春天，筒鞘蛇菰从地底下钻出身体，这时候它们全身苍白，不含一丝叶绿素，待茎长到约为 8 厘米长，直径约为 0.9 厘米粗时，身体 2/3 以下逐渐生出对生的白色鳞片状叶，这种叶也是苍白的，不能进行光合作用。

筒鞘蛇菰吮吸着寄主的汁液越长越大，到了夏天它们便开花了。这时候的筒鞘蛇菰出落得非常漂亮，它们的根状茎吸饱了营养，长得像一个球似的藏在地下，球的表面还生出一个个疣状疙瘩，全身变得通红或红中带黄。

有的筒鞘蛇菰发育成 10～30 厘米高的雄株，雄株的顶端还抽出肥大的长达 10 厘米的肉穗花序，这花序便是文王一支笔的“笔头”。有的筒鞘蛇菰则发育成 5～10 厘米高的雌株，雌株抽出的肉穗花序虽然只有 1.5～3 厘米长，但外形却更像毛笔头。

不过，有些筒鞘蛇菰并不分雄、雌株，同一株个体上同时开雄花和雌花，整个肉穗花序长达 1.4～2.2 厘米，直径达 1.7 厘米。这种肉穗花序上的雄花全部生在基部，其余的便只见雌花和一些倒卵状的小苞片了。

无论是雌雄同株还是雌雄异株，筒鞘蛇菰的肉穗花序下都长有总苞状的筒鞘，这便是筒鞘蛇菰名称的由来。

在神农架自然保护区，除了鸭子石，筒鞘蛇菰还分布于林区的红坪、板仓、下谷坪、大龙潭、阴峪河等处。此外，在云南西北部、四川、湖北、陕西南部的海拔 1 000～2 500 米的山坡林下，偶尔也能看到筒鞘蛇菰的身影。

近年来，人们越发钟情于筒鞘蛇菰，这是因为筒鞘蛇菰不仅可以制作盆景，而且还是一味极为宝贵的中药，经干燥以后筒鞘蛇菰的全株均可入药，具有止血、生肌、镇痛的功效。民间常用筒鞘蛇菰来治疗胃痛、胃出血、鼻衄、妇女的月经出血不止、痢疾以及外伤性出血等。此外，筒鞘蛇菰还可以用作补药，服用后可以改善心动过速和心悸的症状。

文王一支笔——筒鞘蛇菰其实只是神农架自然保护区中生长的许许多多中草药中的一种，与它齐名的还有头顶一颗珠、江边一碗水、七叶一枝花等好多瑰宝。

（张小林）

知识链接

七叶一枝花

七叶一枝花是百合科重楼属植物，它是一种清热解毒的良药。该属植物主产我国及欧洲的温带和亚热带地区，全世界有十余种，我国有七种及很多变种。

七叶一枝花茎直立不分枝，叶通常在四片以上排成轮状，花序单生于叶轮中央，花梗似茎的延续，顶生一花，花被片二轮，外轮花被呈叶片状，植株外形仿佛寺庙常见的烛台，又似层楼宝塔，这样规矩的株形，十分引人喜爱。近年各地公园、植物园、药圃常采挖七叶一枝花等的根状茎或种子种植，无论盆栽或地栽，均生长良好。由于它们是林下植物，耐阴喜湿，十分适宜作地被或布置花坛。

鸽子树

2002 年 6 月初，一支四川大学的科学考察队来到了位于四川雅安天全县境内的二郎山区，这里山高林密，人迹罕至，路极其难走。

考察队员趟过了一条湍急的河流，进入了一片茂密的林子。忽然，一棵大树吸引了众人的目光。那大树树高超过 30 米，胸径达到一米多，树皮呈深灰色，一片片地翘起，有的还脱落在地上。互生的叶片很大，长达 6～15 厘米，宽卵形，呈纸质。

最引人注目的是那落了一地的花朵。或许是开花盛期已过，大树的枝头留下的花儿已经不多，但仅凭那花朵的外形就可以判断出，那很可能是一种珍贵稀少的植物——珙桐树。

“鸽子树！”不知是谁先叫出声来，是啊，这大树像极了有“鸽子树”之称的珙桐。先不看那白鸽翅膀般的花朵，就看满地落下的隔年的果子，就知道它极有可能就是有“国宝”之称的珙桐。

当天晚上，人们将叶片、花和果实集中起来，经过仔细地鉴定，确定这棵大树就是珙桐。

二郎山地区找到珙桐的消息传出以后，引起了轰动，因为珙桐对于我们人类来说实在太重要了。

珙桐为什么如此珍贵呢？这不仅因为珙桐木材好，能制作家具、乐器、仪器，还因为珙桐是第三纪古热带植物，在研究植物的进化历史上具有不可替代的作用。距今 300 万～200 万年以前，珙桐的生长足迹遍于全世界，后来，由于受到第四纪冰川的影响，许多地方的珙桐绝灭了，而在我国南方的局部地区，因为地形复杂，冰川未能进一步入侵，才使珙桐得以幸存下来。如今，在贵州的梵净山，湖北的神农架，四川的峨眉山、雷波县、马边县，湖南的张家界、天平山等地海拔 700～2 500 米的山坡上还留有珙桐的天然树林。

植物学家认为，正因为有了珙桐，许许多多有关地球地质、地理和古生物等方面的难题才得以迎刃而解。因此，有人将珙桐称为不可多得的“活化石”，或是植物界的“熊猫”。为了更好地保护这种珍贵的植物，1975 年，国家有关方面将珙桐定为一级保护植物，并辟出了专门的地区，设立了保护珙桐的自然保护区。

珙桐又名空桐、水梨子，属珙桐科，是一种落叶乔木，学名为“*Davidia involucrata*”，意思是大卫发现的有苞片的植物。这大卫是何许人？他与珙桐树到底有何关系？

原来，大卫既是一位法国传教士，又是狂热的植物标本采集者。自从1860年到中国来传教，三年的时间里，他在北京地区采集了大量的植物标本。后来，他听说在四川省的某些地方生长着一种奇怪的鸽子树。于是，1869年的四五月间，大卫来到了青衣江上游的宝兴地区。一天，他来到一个名叫穆坪的地方，在一处林间的开阔地带，大卫蓦然在几棵高大的阔叶树中间看到了一棵更为高大的树木，那树木正开着花，满树的白花开得极盛。远看，那白花或倒悬，或伸展，千姿百态，就像一群群白鸽歇在树上。

“这就是鸽子树？世界上果真有鸽子树？”大卫抑制住心中的狂喜，三步并作两步上前仔细打量。原来，那白色的并不是花瓣，而是苞片。这苞片共有两片，长达15厘米，烘托着一个头状花序，头状花序的直径达2厘米。由许许多多雄花、雌花和两性花组成。由于苞片太大，人们就只见苞片而不见花朵了。

大卫意识到自己可能发现了一种从未见过的植物，

为了保险起见，他采下了标本，并将标本带回法国请专家鉴定。大卫采集的植物标本使法国植物学家们欣喜若狂，他们将这种植物定名为大卫，从此大卫的名字与珙桐紧紧联系在一起。他采集植物标本的劲头越发高涨起来，他爱上了中国这片神奇的土地，最后终老于中国的福建省，珙桐也因为大卫的推广而为世人所知。以后，英国著名的植物学家威尔逊、我国著名的植物学家陈嵘教授都曾为珙桐走向世界做出了贡献，使得珙桐成为世界各国争相栽培的美丽的“中国鸽子树”。

珙桐其实也可以进行人工繁殖。不过，由于珙桐生活在比较特殊的环境中，而且由于种皮非常坚硬，不透水，后熟期很长，一般在结果以后 2～3 年才能发芽，常常是未等发芽种子已烂。

经过长期摸索，园艺家们已掌握了一整套人工培养珙桐的方法。比如，珙桐宜种在湿润、排水良好、肥沃的沙壤土和棕壤土中，土壤以偏酸性为好，播种前还应将土壤消毒。种子在播种前应于入冬前连同外果皮和中果皮一起埋入土中进行冷冻。若掌握好冷冻的温度，发芽率高达 98%！

（张小林）

树中巨人

离我国云南省西双版纳州勐腊县 18 千米处，有一个叫补蚌的地方。那儿齐崭崭地长着 100 多棵参天的大树。这些大树树干挺拔，一棵棵都矗立在雨林的上层，最矮的有 40 多米，最高的达 93 米！真有一点把青天都想刺破的气概。

这种大树便是著名的望天树，我国一级保护植物。如今，当地政府用钢索、木板和锁链在 20 多米高处搭了一条 2.5 千米长的空中走廊，让游客们尽可以在空中饱览森林美景和野生动物。

望天树是怎样被人发现的？它们为什么会被列入国家一级保护植物的名单？这事要从 40 多年前的那次考察说起。

1974 年，一支植物考察队出现在补蚌地区，他们听说当地生长着一种叫“麦浪昂”的树而来的。麦浪昂在傣语中是“伞把树”的意思，勐腊县林业局的工作人员听当地的傣族群众说，补蚌地区生长着一批极为高大的树木，它们的树干通直圆满，不分叉，树冠却像一把撑开的伞的伞面，于是就派了一支队伍向补蚌进发。

考察队员在潮湿而又阴暗的雨林中穿行，他们越过了由参天巨树和藤蔓组成的屏障，在一处林被茂密的沟谷处，终于看到了傣族老乡所说的伞把树。那伞把树确实是高得惊人，在高达三四十米的热带雨林上方，它们昂首挺立，鹤立鸡群般耸立于林梢，枝叶茂密的树冠替林下的苔藓、灌木，甚至高大的乔木都遮住了炽热的阳光。

考察队员很快想法采到了伞把树的花和果实，送交有关部门，专家们最终将伞把树归入了龙脑香科，并命名它为望天树。

望天树只生活在中国云南省的勐腊、屏边、河口、马关等县的海拔 700～1 100 米的河谷坡地，一般高达 70 米，最高的可达 93 米，胸径平均为 2 米（最大的可达 3 米），是云南省乃至中国长得最高的植物。望天树的分布范围只不过为 20 平方千米。由于珍贵，已被列为国家一级保护植物的名单。

望天树属于柳桉属，柳桉属中共有 11 个成员，其中 10 个成员分布于东南亚，但望天树却与它的“兄弟姐妹”不一样，只生活在中国的云南。

望天树的叶对生，生羽状叶脉，圆锥花序上排列着黄花，开花时极香，果实特别坚硬。它树干通直，材质坚硬，生长迅速。一棵 70 岁左右的望天树可长到 50 多米高，而且，长到 30 米高时才分枝，胸径在 130 厘米左右。望天树的木材性能好，不怕腐蚀，不怕病虫害，可制作高级家具、乐器、桥梁。一棵望天树的主干体积竟可达 10.5 立方米，材积之大，令人惊叹。望天树的生长速度是其他树种的 2～3 倍，又能分泌树胶，花还可以提取香料油，因此利用价值很高。

但科学家认为，望天树的珍贵之处，不仅在于它们的工业用途广和药用价值高，而在于望天树的科研价值。

西双版纳位于北回归线上，照理说，它应划入亚热带的范围。但在西双版纳却分布着特征与热带雨林相似的森林。

20 世纪 60 年代以前，国际一些著名的植物学家并没有到过西双版纳，也不了解西双版纳特有的地形和地貌。所以，他们并没有将西双版纳划入热带雨林的范围。

从 20 世纪 30 年代起，一位名叫蔡希陶的植物学家多次来到西双版纳进行考察，他坚定不移地认为，在我国西双版纳地区分布的是不折不扣的热带雨林。

然而，要让西双版纳的森林归入热带雨林的范围，还必须找到有力的证据。因为，与分布在非洲和美洲的热带雨林不同，在与我国西双版纳绵延相连的东南亚热带雨林中，生长着最具有代表性的高大的龙脑香科植物，而以往在西双版纳并没有找到任何龙脑香科的植物。因此，要证明分布在西双版纳的森林确实是热带雨林，就必须先找到龙脑香科植物，哪怕只有一棵也好！

如今，在勐腊县的补蚌地区找到了成片的望天树，更令人欣喜的是，近年来，植物学家还在西双版纳东部的南沙河中段和广纳里以北的河谷地段发现另一种龙脑香科植物——版纳青梅。版纳青梅虽不如望天树那般高大，但也可以长到三四十米高，它的小枝、叶柄和花序都长满星状柔毛。叶革质，呈矩圆形至矩圆状披针形，长有短梗的白花。版纳青梅的木材坚硬，可供制作家具和建筑之用。目前已被列入国家二级保护植物的名单。

望天树和版纳青梅的发现，进一步证明了生长在西双版纳的森林确实是热带雨林，之后，当代著名的热带雨林专家——英国的韦特模博士和美国的阿希同博士相继来到云南的西双版纳考察，肯定了蔡先生的这个观点。

在西双版纳，被列为国家重点保护珍稀濒危植物的有 53 种，占全国的 15%。其中最著名的有望天树、版纳青梅、四数木、野茶树、铁力木、桫椤、云南穗花杉、海南粗榧、顶果木、云南石梓、见血封喉等，已知可供利用的植物资源多达 1 500 多种。

（张小林）

巨人蕨

2003 年 4 月，正在长江小三峡库底进行林木清理的工作人员，在滴翠峡下游、三峡二期工程水位线下发现了两棵奇怪的植物：它们全都树干挺拔，株形漂亮，树皮表面有着六角形的斑纹。叶子都长在茎的顶端，长长的叶柄长满了小刺，每片叶子有 2～3 米长，上面竟然长了 17～20 对小叶子，远看就像棕榈树叶。

经过专家们鉴定，发现这两棵怪树正是国家一级保护植物——桫椤。桫椤又叫树蕨、龙骨风、水桫椤、七叶树等，是一种珍贵的蕨类植物。为了保护这两棵桫椤，当地林业局派了有关人员将它们移入林业研究所的科技示范园区。

2003 年 8 月，类似的情况出现在广西临桂县。一位植物学家在路过临桂县宛田瑶族乡塔背村时，发现那里

竟分布着近百株桫椤，最大的两株桫椤高达2米，直径达20厘米。据当地的瑶胞们介绍，桫椤在当地被称作龙骨风，是村民们用来治疗风湿病和跌打损伤的一种良药，因此，他们一直在下意识地尽力保护桫椤。

桫椤是蕨类植物，但桫椤的个子又很高大，最高的可以长到10米以上，它没有木质部，又没有韧皮部，究竟是靠什么才能撑起高大的身躯呢？

原来，桫椤的茎本身并不坚固，但根却极其发达，这些根里三层外三层地缠在一起，或紧紧钻进岩石缝隙，或厚厚覆在茎的下部。这样既增加了茎的体积，又提高了茎的牢度。桫椤根的再生能力特别强，砍了会再生，生了再砍，生生不息，韧劲十足，就有力地保证了茎干能及时得到支撑。

在矮小的蕨类世界中，桫椤的身材是很引人注目的，它们是蕨类植物中的“巨人”，虽然个子长到10多米高，但孢子的萌发以及精子和卵子的结合都离不开水。所以，只能一直生活在阴暗潮湿的环境里。

桫椤为什么如此珍贵呢？这是因为，在蕨类植物的进化史上，桫椤的地位是很关键的，有了桫椤，很多进化上的难题都能迎刃而解。

距今大约3亿多年以前，高大的蕨类植物成了地球的统治者。当时，在温暖湿润的环境中，鳞木、封印木、芦木和种子蕨等一些几十米高的蕨类植物组成了蔚为壮观的原始大森林。到了距今1.8亿年以前的中生代侏罗纪前后，桫椤类植物代替了那些古老的蕨类植物。当时的桫椤，个子足足有20多米高，它们俨然是地球的主宰，有的还成为恐龙口中的美食。

然而，曾几何时，地壳的变化使得原本温暖、潮湿的气候变得干燥。由于种种原因，大部分蕨类植物灭绝了，只有极少数蕨类植物死里逃生，残存到今天，桫椤就是劫后余生的蕨类植物中的一员。

由于气候原因，在南太平洋岛屿的热带雨林中，高达25米的蕨类植物比比皆是，但在我国，高大的桫椤却仅仅分布在四川、贵州、云南、海南、福建、浙江等地，海拔100～800米的山林中和溪沟边。

桫椤的茎含有大量的淀粉，这种淀粉被称为山粉，可以制作各种富有营养的食品。桫椤的树形极为美观，可供作庭园观赏树木。在医学上，桫椤的茎还能起医治肺痨、抵抗风湿的作用。

2002年10月，在我国广西防城港市板八乡境内，技术人员发现了另一种有“活化石”之称的桫椤类植物——黑桫椤。黑桫椤也属桫椤科，生长于海拔350～700米的密林下，目前仅在我国的浙江、广东、广西和云南南部等地被发现，它们的分布区域狭窄、数量少，已被列为国家二级保护植物。这次在广西发现的黑桫椤分布面积约为35 000平方米，数量有30多株，最高的植株高达8米以上，直径超过了18厘米。这是迄今为止在广西发现的分布面积最大、数量最多的黑桫椤群，在科学研究上具有很高的价值。

为了保护、抢救桫椤等珍贵的桫椤科植物，目前，国家在一些地方设立了桫椤自然保护区，就拿四川省自贡市荣县西南48千米金花乡内的桫椤保护区来说，在巨大的漏斗形深谷中，4千米长、100米宽的地区内分布着2万多棵桫椤。这些桫椤正受到人们前所未有的妥善保护。人们完全有理由相信，桫椤这种古老的“活化石”，在我们中华大地上一定能够永葆它们的青春！

（张小林）

林中的“炮弹”

2004年8月1日，北京八大处公园的一位工作人员，在龙泉庵附近的树林里发现了一个白乎乎的大球。大球像一个西瓜，直径达到30厘米，重量有500多克。

白色大球到底是什么东西？为什么会在树林和草丛中出现呢？

白球其实是一种菌类，名字叫马勃，俗名叫马粪包。8月份天气炎热，一场大雨过后，高温和潮湿有利于马勃等菌类的生长，于是马勃便很快在树林和草地中出现。

真菌学家告诉我们，马勃属腹菌纲、马勃目、马勃科，成熟以后全都长得肉乎乎的，未成熟时为白色，成熟时变成紫褐色。人们看到的圆球其实是马勃的子实体，这种子实体的直径一般为5～15厘米，最大的可达1米以上。

从马勃中弹出的粉尘是马勃的粉孢子。马勃的子实体弹射粉孢子的力量非常强，它们常将粉孢子弹得很远，令人大吃苦头，难怪生活在南美洲的印第安人常常将马勃当作地雷放在入侵者必经的路上。产于南美洲的马勃直径可达 1 米，重量达 5 千克。

马勃为什么能够如此有力地喷射粉孢子呢？这是因为马勃的孢子和孢丝连在一起，孢丝很长且有分支，具有极强的弹性。平时，孢丝被限制在马勃的子实体内，当子实体的包皮被碰破，孢丝就摆脱了束缚将粉孢子弹出，看起来如同喷出大量的烟雾一样。当孢子遇到合适的条件会萌发出菌丝体，最后长成新的马勃。

马勃不仅生活在南美洲，还生活在我国的东北、内蒙古、甘肃、新疆、湖北、安徽、广东、广西、江西、贵州、江苏等地。生活在东北、内蒙古、甘肃、广东、广西等地的有脱皮马勃和紫颓马勃。脱皮马勃稍大些，直径为 10～15 厘米，子实体的包皮常呈纸质，显灰棕色至黄褐色，很容易破碎脱落，稍碰触，粉孢子就像尘土一样飞出。紫颓马勃则稍小些，直径为 5～10 厘米，包皮很薄，易碎，常露出紫色的絮状孢子体。

▼ 马勃

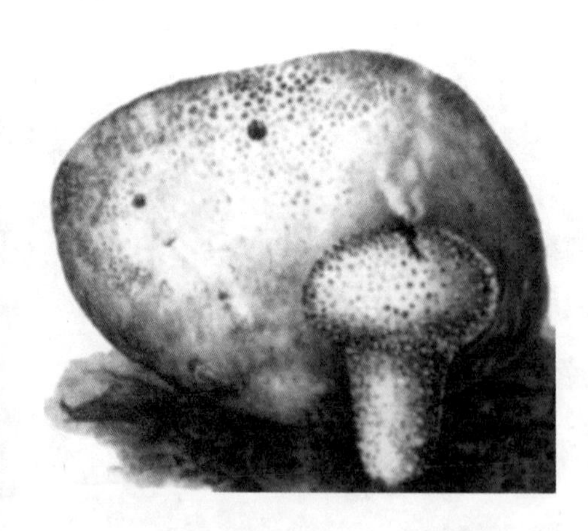

无论是哪一种马勃，它们都含有马勃素、尿素、麦角甾醇、亮氨酸和磷酸钠等。马勃除了在幼嫩时可以当菜吃，成熟以后还可以当作

中药，治疗咽喉肿痛、失音、吐血，肺热咳嗽，下肢溃疡等症。

马勃弹射孢子的能力为什么如此之强？科学家认为，这是为了传宗接代的需要。可以想象，早先马勃弹射孢子的能力都比较弱，在残酷的生存斗争中，弹射孢子比较远的马勃不仅生存下来，而且越来越兴旺。而那些弹射孢子能力较差的马勃就渐渐被淘汰了。许许多多年过去了，马勃的弹射孢子能力变得越来越强。

除了菌类植物，苔藓植物和蕨类植物也利用孢子繁殖后代。植物的孢子有各种各样的形状，有的表面平滑，有的则长有刺或疣，它们都有极强的生命力。

有趣的是，凡是能产生孢子的植物，它们全都会想方设法让孢子传送得更远些。就拿蕨类植物中的水龙骨来说，它们的孢子长在叶片的背面。每到夏天，叶片背面羽状小裂片中脉的两侧会长出一些圆形的褐色隆起。这些隆起是由许多孢子囊组成的，因此又被称作孢子囊群。孢子囊群在叶片上着生的位置和它本身的大小、形状是鉴定蕨类植物的重要依据。人们发现，孢子囊群的表面覆盖着一层名叫囊群盖的薄膜。一旦孢子成熟，囊群盖就会脱落，孢子就被弹射出去，随风飘出老远老远。

同样的情况还发生在苔藓植物身上。苔藓植物也利用孢子进行繁殖，没有真正的根、茎、叶的分化。它们可以生活在高山、草地、林内、路旁、沼泽和湖泊中，甚至连民居的墙壁和屋顶上也能存活。苔藓植物的适应能力不可说不强。而这种适应能力与它们的繁殖方式是分不开的。

苔藓植物的种类很多，但在它们的生活过程中，都会出现孢子。就拿小小的葫芦藓来说，在春天，葫芦藓的胚上会长出一个叫蒴柄的长柄，蒴柄的顶端会生出一个小小的“葫芦”，这个“葫芦”里面藏着许许多多的孢子。“葫芦”上有一个小小的“盖子”，这个“盖子”叫作蒴帽。到了夏天，孢蒴成熟了，蒴帽自动落下，一阵风吹来，孢子就满世界地飞，散播到很远很远的地方。

孢子遇到合适的环境会萌发成有分支的绿色丝状体，以后又慢慢长成新的葫芦藓。值得指出的是，以后葫芦藓会产生精子和卵子，精子和卵子只有在水的帮助下才能完成受精作用，形成新的胚。

而蕨类植物，也和苔藓植物一样，只有在水的帮助下才能完成受精作用，它们都注定一辈子要生活在阴暗潮湿的地方。

（张小林）

黄花狸藻的“捕虫笼”

湖南省茶陵县尧水乡爱里村是一处风景秀丽的地方，群山拱卫之中是一片终年积水的葫芦状沼泽地带，沼泽地中的许多植物正在开花，它们把周围装点得姹紫嫣红，这其中有一种植物的全身都沉入水中，只露出已经绽放的黄色唇形花朵来。

这种开黄花的水生植物就是鼎鼎大名的捕虫大王——黄花狸藻。黄花狸藻分布在我国的浙江、安徽、江西、福建、湖南、广东、广西和四川等省，另外在越南、印度和马来西亚等国家也有它们的足迹。

黄花狸藻生活在河流、池塘等静水中，它的茎载沉载浮地漂浮在水里，枝条极细极长，而叶子则全部分裂成羽毛状，最长可达到 7 厘米。

黄花狸藻生活在水里，因为受到水生生活的限制，光合作用所产生的有机物质肯定满足不了它们生长发育的需要。于是，它们便发展出独有的“进补”营养的方式。既然不能完全依靠光合作用来供应，那么何不利用现成的营养？但是，黄花狸藻的先天条件不足，它长不出像猪笼草那样色彩鲜艳而且能分泌蜜汁的捕虫“瓶子”，而茅膏菜、毛毡苔等一类植物身上分泌的黏液到了水中又完全不管用。

因此，黄花狸藻便在长期的适应过程中进化出专供自己使用的“捕虫笼”，这些捕虫笼就长在羽毛状裂片基部的囊状体。令人惊讶的是，每一个囊状体的口部还生有一个膜瓣，一旦有活物进入，膜瓣就会自动关上，这样，闯入的小动物就再也逃不出来。

黄花狸藻生活在水中，它们所捕获的猎物大多是水蚤一类的水生节肢动物或水生昆虫，也正是这些猎物所含的动物蛋白才补充了黄花狸藻的营养不足。

狸藻科植物几乎个个都是捕捉昆虫的好手，就拿狸藻来说，它和黄花狸藻一样生活在水中，全身柔软，茎长得像绳索，分枝很多，总长可达 60 厘米。狸藻也开黄色的唇形花，叶片也分裂，裂片的基部也长有球形的捕虫囊。它们分布在我国的河北、甘肃、青海、陕西、内蒙古、吉林、浙江等地，在朝鲜、日本和俄罗斯的部分远东地区也可见到狸藻。

在狸藻家族中，除了狸藻和黄花狸藻以外，其他成员都营陆生生活。后者虽然也过捕虫生活，但捕虫方法却不尽相同。

狸藻家族中的密花狸藻，生长于空旷的低地上，分布于我国的云南、广东等省以及朝鲜、日本和印度。密花狸藻的茎也很柔弱，但能直立于地上，是一年生草本植物。密花狸藻的名称来自于它们的花，密花狸藻开的也是唇形花，不过花是蓝色的。它的花葶高达10～35厘米，上面生着小小的近乎无柄的花儿。这些花组成了密密的总状花序，密花狸藻的名称就是这么来的。

密花狸藻的叶子非常细小，到了开花时分就已萎缩，因此要指望它们进行光合作用来制作养料是不现实的。密花狸藻也靠捕虫为生，它们的捕虫囊长在根部，这些捕虫囊数量很多，凡是路过的虫子或是在土壤中活动的虫子一不小心就会掉入它们的陷阱。

狸藻家族中比较有名的还有捕虫堇，这种植物是多年生草本植物，分布于我国的云南、四川、西藏，印度和俄罗斯的一些地方也能找到它们的踪迹。捕虫堇长有短短的根状茎，茎的基部长有几枚淡绿色的柔软叶子。这种叶子看上去毫不起眼，顶端钝圆，长1.5～3厘米，长有短短的叶柄，可就是它们，成为捕虫堇捕虫的利器！这是因为捕虫堇的叶子上具有无数的腺毛，而且腺毛会分泌黏液，小虫一旦粘上，要想脱身就很难。

在狸藻家族中，样子最古怪的要数挖耳草。挖耳草是直立的一年生草本植物，它们的茎非常纤细，叶子生在茎的基部，不含叶绿素。这些叶子有的像调匙，有的呈条状。挖耳草开花时，叶子会萎缩，但叶子上的捕虫囊却依然能发挥作用。挖耳草也开黄色唇形花，到了结果期，花萼会增大下垂，长成挖耳匙状。在我国，挖耳草分布于浙江、安徽、江苏、福建、江西、广东、广西、湖南、云南等省，它们常长在空旷的湿地上。

同样都是狸藻，生活在不同的环境里，在漫长的进化过程中，它们长出不同的捕虫囊和捕虫叶，很好地生存下来，植物的适应性真令人叹为观止。

（张小林）

“绞杀树”

在北京植物园的温室里，有一棵黄葛张开了章鱼触腕般的气生根，将另一棵大树紧紧缠住。大树虽然比黄葛更为高大、健壮，但在黄葛气生根的缠绕下，早已被勒得奄奄一息，看来，最终难逃被勒死的命运。

同样的情况人们还可以在云南西双版纳的雨林谷中看到。在那里，有一棵被称作“绞杀王”的榕树，树龄达 300 年，长到了 40 多米高，根系所围成的圆周长已超过 30 米，7 个成年人手拉手才能围住“绞杀王”的一半树干。“绞杀王”下长出上万条气生根，被害者已经“尸骨无存”。

绞杀树为什么要对被害者进行绞杀？它们是怎样达到自己目的的？植物之间的绞杀现象又给我们人类以什么启示？

绞杀植物主要生活在热带雨林中，它们包括桑科植物中的榕属、五加科植物中的鸭脚木属和漆树科植物中的酸草属等。

19 世纪时，一位叫辛伯尔的植物学家经过长期研究，将生长在潮湿热带地区的常绿森林植被称为热带雨林。我们知道，在热带雨林中，植物与植物之间的竞争是十分激烈的。据不完全统计，在仅占世界陆地面积 3% 的热带雨林中，所包含的植物种类竟达世界植物种类总数的 50%！

在热带雨林中，植物的密度是很大的，为了争夺阳光、空间和养分，植物之间往往会发生残酷的生存斗争。省藤等藤本植物会攀援在大树之上，借助别的植物的帮助，使自己扶摇直上，争取到上层的阳光。而豆科、凤梨科、天南星科等一些附生植物则附着在别的植物的枝条和叶片上，生长得生机勃勃，它们是靠吸取其他植物身上的养分和水分而生存的。

绞杀植物的生活习性则介于附生和独立生活之间，比如说，被称为“绞杀之王”的大青树本是榕属植物在西双版纳的俗称，在当地，大青树有 50 余种，它们结的果子十分诱人，是过路鸟儿和野兽常吃的食物。

大青树的种子却很小，种皮又很坚硬，鸟兽吃下果实后，消化了果肉却不能消化种子，它们飞到树顶或攀到枝丫上就会将包含种子的粪便排到那儿。

在热带雨林的阴湿环境中，大青树的种子很快就发芽了，长出细细的气生根，这些气生根能吸取空气中的水分和附着于植物身上的养分。慢慢地，小大青树长大了，一旦它们的气生根顺着被附着植物的茎干向下长入土中，小大青树便迅速长大。这时，原先专为攀附其他植物而长出的气生根便长出许多侧根来，这些侧根能稳稳地撑住大青树，而且，还能从它们的身上再长出侧根来。原先的侧根和稍后长出的侧根与数不清的气生根，就如同一张巨大的网将大青树所附着的植物包围。

与此同时，大青树的强大根系拼命地吸食水分和营养，而它所张开的树网将被害者围住，不让它们增粗，勒断了它们输送营养的韧皮部。大青树最凶狠的一招则是，在独立吸收水分和营养之后，便迅速地抽枝长叶，将被包围的树木所需要的阳光和空间剥夺得一干二净，终有一天，被围的树木便悲惨地死去，而它的残躯则又供大青树独享、消化吸收，大青树自己就成为热带雨林上层的统治者。

令人惊叹的是，大青树不仅绞杀别的植物，它们自身也会互相残杀。著名的进化论者、英国科学家达尔文所说的“物竞天择，适者生存”的原则在热带雨林的生存斗争中被诠释得淋漓尽致。

在云南西双版纳勐仑的翠屏峰，路人看到了一棵叫黄葛的榕树用无数的气生根将另一棵胸径达 1.1 米的菩提树团团围住，黄葛和菩提树的根部已经融合在一起，看样子，黄葛很快就要下毒手了。而在勐仑植物园里，一棵也许曾经绞杀过其他植物的黄葛却被别的绞杀榕树用树网团团围住，虽然黄葛长得很高大，树高达 30 多米，直径达 1.6 米，但却没有能力挣脱围在它身上的网，死神已在暗暗向它招手。自然界的生存斗争就是如此残酷！

一些大青树的绞杀行为往往会造成“独木成林”的现象。这是因为大青树一旦完成了“绞杀”以后，它们的枝丫会拼命向外扩张，一旦枝丫长得过于沉重，便会压伤自身的韧皮层。有时候，大风也常使枝干受损。在这种情况下，受伤的地方常常会生出一条条气生根，这些气生根又会下垂，扎入土中，吮吸水分和无机盐。气生根慢慢长粗长大，就会形成支柱根，撑起沉重的枝丫，当气生根越长越粗以后，就出现了独木成林的现象。

在亚洲的热带雨林里，大青树对受害者采取的是“绞杀”战术，而在遥远的巴拿马，生活在热带雨林的一些大树则采取挤压战术。一些大树为了排挤其他植物，它们的根部往往变得肿胀，而且，肿胀的程度会越来越厉害。最终，它们会将邻近植物的根部挤出地面，使其因根系被破坏而死去。

（张小林）

能源树

在海南省吊罗山的热带雨林里，生长着一种能产油的大树。

科研人员经过仔细鉴定，发现它就是豆科植物中的油楠。油楠的叶子呈革质，椭圆形或长椭圆形，长 5～10 厘米。开花时长出顶生的圆锥花序，花序上密生着黄色的绒毛，荚果圆形或卵圆形，长 4～8 厘米。油楠的全身都长刺，若是受到损伤，从茎干或枝条便会流出胶汁来。

在国外，油楠分布于东南亚的热带地区。在菲律宾和越南都曾发现过油楠的踪迹。在海南岛，当地的居民常用油楠木制作水车，油楠分泌的树汁被当地居民用来点灯。根据他们的经验，当油楠树长到 12～15 米高时就可以在树干上钻一个直径为 5 厘米的洞，2～3 小时以后洞中便会流出 5～10 升浅黄色的树汁。这种树汁并不需要进行任何加工，就可以直接加入柴油机中当作燃料使用。科研人员利用手中的器具将油楠的树汁采了回来，经过蒸馏再加以分析，发现其中 75% 是无色透明的具有芳香气息的芳香油，而其余的 25% 则是棕色的树脂。

科学家发现，芳香油中共有 11 种化合物，其中 40.8% 是依兰烯，30.5% 是丁香烯，6.4% 是杜松烯，其余的一些烯类化合物，如华拔烯、蛇麻烯、依兰油烯灯的含量则在 4.4% 以下。

科学家为发现油楠而感到兴奋，这不仅是因为油楠是国家二级保护植物，更因为像油楠这样体内含有“油料”的植物在能源日渐短缺的今天，实在是显得太珍贵了。

随着科学技术的发展，人们对能源的需求越来越大，煤、天然气和石油等能源物质便变得越来越重要。因此有人想，既然煤、天然气和石油是由远古时代的高大蕨类植物、海洋的浮游生物经过千百万年的地壳作用而形成的，那么能不能直接从含有能源的植物中提取“石油”，供人们利用呢？

科学家们经过调查后发现，全世界至少有近 4 000 种灌木、400 多种花卉的体内含有一定比例的燃油。其中，至少有 30 多种植物含有丰富的燃油。

目前，我国的科学家正在积极想方设法寻找能源植物，而且，随着世界油价的上涨、能源的日渐缺乏，这种寻找变得更加迫切了。

在海南省，除了油楠以外，人们还找到了牛角瓜和光棍树。牛角瓜又叫狗仔花、断肠草、羊浸树、五狗卧花，属于萝藦科，是一种直立的灌木，高达3米，幼嫩的部分长有灰白色的浓毛。牛角瓜的叶子对生，有短短的叶柄，长8～20厘米，宽3.5～9.5厘米，叶子的两边都长毛，老熟以后才逐渐脱落。牛角瓜的花序呈聚伞状，花冠紫蓝色，呈钟状。种子宽卵形，顶端长有绢质的长约2.5厘米的白色种毛。

▲ 油楠

牛角瓜分布于我国的广东、广西、海南、云南和四川。在国外，越南、缅甸、印度、斯里兰卡和马来西亚也都有分布。在海南岛，牛角瓜主要分布在西部和南部的沿海沙滩地上，它们的生长速度极快，每个星期可长高30厘米。

牛角瓜的茎皮纤维可作为造纸的原料，它的果实可用来杀虫和驱蚊，乳汁则可以用来治疗皮肤病，科学家更关心它们的树汁，因为这种树汁含有大量的碳氢化合物，完全可以作为石油的替代品。

据统计，每种植1公顷的牛角瓜，一年收获的树汁就可以提炼1万多升的“石油”。

光棍树也生长在海南岛，它又叫绿玉树、绿珊瑚、神仙棒和龙骨树，是一种灌木或小乔木，高0.3～5米，分枝呈圆柱状，叶对生或轮生，它的小枝细长、绿色，稍呈肉质，极像一根根棍子。叶子大都已退化成鳞片状，或只有少数散生在小枝的顶部。

光棍树的聚伞花序呈杯状，果实为蒴果，直径约6毫米，种子呈卵形。光棍树被砍处会分泌出白色的乳汁，这种乳汁有毒，但富含大戟醇、正二十六醇和其他碳氢化合物，经提炼后，完全可以成为石油的替代物。

（张小林）

花王之谜

1854 年 8 月，一位名叫华莱士的英国人（日后他与著名的科学家达尔文合著了《进化论》）来到马来群岛，采集和调查许许多多原来人们并不知道的动植物。

华莱士是一位作风严谨的科学家，为了探究自然的奥秘，他日复一日、年复一年地往返于英国和马来群岛之间。在 8 年的时间里，华莱士行程 2.6 万千米，采集了 12 余万件标本。

面对马来群岛旖旎的热带风光，面对那里奇异而珍贵的物种，华莱士挥笔写下了堪称不朽之作的《马来群岛自然考察记：红毛猩猩和天堂鸟之地》。

华莱士在这本书中特别提到了一种生长在热带雨林中的巨大无比的花朵——大花草，以及大花草的发现者莱佛士的名字。

莱佛士何许人也？他是怎样与大花草联系在一起的？要说起这一切，必须从1818年的那次奇遇谈起。

1818年5月，莱佛士刚当上英联邦爪哇省的副总督，莱佛士本人既是一位探险家，又是一位植物学爱好者。他早就听当地人说，在苏门答腊的热带雨林中隐藏着一种奇怪的植物，这种植物开着巨大的花，发出刺鼻的臭味，只是，这种怪花行踪诡秘，很难轻易被发现。莱佛士听了这些传闻之后心痒痒的，于是不顾危险，邀请自己的好友、植物学家亚诺尔德博士，并带上自己的妻子一起去雨林中考察。

在潮湿阴暗的森林里，莱佛士一行看到了各种各样奇奇怪怪的大树，有的大树树干笔挺，有的大树茎的基部向下膨大，像是刻出很深的沟。很多大树都长出巨大的板状根，这些板状根像火箭的尾翼一般撑住了擎天大树。

在这里，莱佛士还看到了纵横雨林的巨大藤本植物，它们有的下坠形成“绳环”，有的又如巨蟒穿行在林中，从一棵大树攀到另一棵大树。

林中没有现成的路，莱佛士他们还是坚持向前挺进，在一处林边，他们终于看到了令他们永生难忘的一幕：一朵暗红色的缀有黑色斑纹的巨花盛开在地面上。花瓣看上去很肥厚，呈倒卵形，长约 40 厘米，厚达 3 厘米。仔细看，上面还生有灰白色的乳头状突起。

大花共有 5 瓣花瓣，花的中心像个脸盆，里面能盛下 7～8 升水。这个“脸盆”其实就是大花草的蜜槽，直径约有 33 厘米，高达 30 厘米，上面长有许多小刺，里面还盛有花蜜，生有雌蕊和雄蕊。

后来人们才知道，蜜槽里盛的花蜜却只在花儿刚开放 2～3 天时才发出淡淡香气，3 天一过，香气便慢慢变成臭气，最后竟变得臭不可闻，像粪便、臭鱼烂虾或尸体的味道。

大花的臭气令人作呕，但却招来飞舞的蝇类和甲虫，它们逐臭而来，在大花上忙碌地爬来爬去，替大花进行义务传粉。当传粉工作宣告结束之后，大花的花瓣便慢慢如稀泥般腐烂，一代花王的生命便宣告结束。从开花到腐烂，前后不过几个星期的时间，而从受精到果实成熟则大约需要 7 个月的时间。

莱佛士的同伴亚诺尔德替大花命了名，叫它大花草，于是大花草便被称作“亚诺尔德”。大花草属大花草科大花草属，在大花草科植物中大花草是个体最大的。现已保存的标本中，大花草的花直径最大达 106.7 厘米，堪称花中的大王。在印度尼西亚，人们把大花草称作“本加·帕特马”，意思是荷花，但大花草和荷花的亲缘关系实在很远。

大花草既无叶，也无茎。在幽暗的环境中，即使有叶绿素，光合作用的效率也必定很差。何况大花草的全身并不含叶绿素，光合作用无从谈起。那么，大花草到底是靠什么生存下来的呢？

原来，大花草专靠真菌菌丝体般的丝状组织扎进葡萄科植物白粉藤的根部吸取营养和水分，过着舒适的寄生生活。

大花草柔弱的丝状组织是如何进入寄主坚硬的根组织中去的呢？关于这一点，目前的争论较多，因为人们知道，大花草的种子极小、极轻，在一般情况下是很难进入寄主根部的。有人认为，在某些偶然因素的作用下，比如由于野生动物的啃咬，寄主的根部出现了伤口，当大花草的种子又正巧落在伤口上，种子便开始萌发。但也有人认为，是寄主的根细胞分泌的液体刺激了大花草种子，使种子萌发，生出类似于肉苁蓉种子上长出的吸器，这种吸器能产生某种酶将寄主的细胞壁溶解，吸器便乘虚而入。因为大花草实在难以寻觅，事实的真相便难以考证。

当大花草种子的种皮膨胀以后，便萌发成幼芽，幼芽会慢慢长成扭曲的花蕾，当花蕾舒展开来，花王便向世人展示它的雄姿。

大花草硕大无比的花朵能起补肾健体的作用，从大花草幼芽中提取的汁液，服用以后能帮助孕妇恢复体形，因此具有较高的药用价值。

科学家更关心的是大花草的科研价值，因为大花草必须寄生在某一种或几种葡萄科植物的根部才能生存，因此如果寄主消失了，大花草自然也就活不成了。可是，目前的形势实在堪忧，在印度尼西亚和马来西亚，由于大批的热带雨林被伐，大花草寄主的数量业已大大减少，50 多年前，两种大花草业已绝迹，而剩下的几种也处于风雨飘摇的状态。特别是亚诺尔德大花草目前的分布范围仅限于苏门答腊和婆罗洲，已被列入世界濒危植物的名单，再不抢救就悔之晚矣。

从 20 世纪 80 年代起，新加坡的某个植物园已开始试着在一种名为“四斑兰谢奥拉里乌姆”的藤本植物上试栽大花草，眼下已取得了初步成功。

另一些科学家则试图利用先进的手段来探索大花草的亲缘关系，并借以攻克人工繁殖大花草的难题。美国密歇根大学的巴克曼最近带领他的研究小组利用线粒体 DNA 的分析方法，发现大花草其实和西番莲科西番莲属植物具有较近的亲缘关系。这个发现对人工繁殖大花草的工作无疑是非常有帮助的。

（张小林）

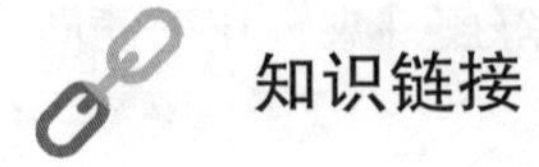

知识链接

世界植物之最

陆地上最长的植物：白藤，它从根部到顶部，达 300 米，比世界上最高的桉树还长一倍呢。白藤长度的最高纪录竟达 400 米。

最高的树：澳洲的杏仁桉树，一般高达 100 米，曾有一株，高达 156 米。

体积最大的植物：美国的巨杉，一般高 100 米左右，最高的一棵有 142 米，直径有 12 米，树干周长为 37 米，需要二十来个成年人才能抱住它。

奇怪的伙伴

2002年12月30日，我国的“神舟”四号宇宙飞船飞上了天，它绕地球轨道飞行了6天又18个小时后，于2003年1月15日顺利返回地面。

“神舟”四号飞船搭载了梭梭和肉苁蓉的种子进行科学实验，这些种子全部来自内蒙古的阿拉善盟。

从2003年5月20日起，这些经过太空旅行的植物种子被种在阿拉善盟的大地上，又经过将近6个月的时光，种子发芽了，这些植物全都表现出生长快、抗病能力强的特点。

经过太空旅行的植物种子到底会发生什么生理变化，我们姑且不去讨论它。在这里，我们只想知道梭梭和肉苁蓉到底是什么植物。

梭梭是地球上最顽强的植物之一。梭梭生活在我国西北部的沙漠地区，那里的昼夜温差达 60 ℃～70 ℃，一年的降雨量通常不超过 300 毫米，有时甚至全年也不下雨，但梭梭却仍然顽强地生活在沙漠里。为了适应环境，梭梭的全身早就变得光秃秃的了，它们的叶子退化成小小的鳞片，以防止水分从叶面蒸腾。叶子虽然变小，但梭梭的幼枝却变得绿油油的，以代替叶子进行光合作用。

盛夏到了，天气过于炎热，梭梭的枝条赶紧开出一朵朵小花，以后便早早进入休眠期。在此期间，梭梭的一切生命活动都像是停止了，直到秋凉，它的种子才成熟。这种种子的生命力特别强，落地以后，只要遇到合适的温度和湿度就能在几个小时之内萌发，长成幼苗。以后，它们的生长速度更是惊人，很快就变得成熟起来。

梭梭分布在我国的内蒙古、新疆、甘肃、青海和宁夏一带，当地的居民常将枯死的梭梭作为燃料使用。梭梭在燃烧时火力很旺，又很少冒烟，所以被称作沙煤，而梭梭的嫩枝在冬天则可以作为骆驼的饲料。生态学家认为，梭梭的作用远不止于此，因为梭梭能顽强地生活在沙漠中，它们的根扎得很深，能起到防风固沙的作用，在漫长的生存竞争中，梭梭的抗旱能力发挥到极致，它们对于维护脆弱的沙漠地区的生态平衡起了极其重要的作用。

肉苁蓉可以说是与梭梭相伴而生的，哪里有梭梭，哪里就很可能找到肉苁蓉。肉苁蓉的外形十分古怪，全身黄褐色，并无叶绿素，长达 10～45 厘米，终生躲在地底下。

肉苁蓉的叶子早已退化，鳞片状盘旋排列在茎上，不能进行光合作用。那么，肉苁蓉又是如何获得营养的呢？原来，肉苁蓉所需的养分全部来自寄主。在一般情况下，肉苁蓉会寄生在梭梭的根上。

每年 5 月份，肉苁蓉隐蔽在地下的肉质茎的顶端抽出一个花序。那花序顶出地面，长达 20 厘米，上面长满了紫色的小花。从开花到结籽，前后不过 30 天的时间，肉苁蓉就结出椭圆形的果实。果实中藏着许许多多比芝麻还小的种子。

这些种子混在沙中随风飘散，到处漫游。有趣的是，肉苁蓉的种子需要 2 年的时间才能萌发。肉苁蓉是如何找到寄主并寄生在它们身上的呢？

取来肉苁蓉的种子，将它切开，就可以发现这种长度仅为 0.4～0.7 毫米的种子的细胞壁呈蜂房状，而它的胚乳外面则包着一层蜡质，正因为如此，这种种子能忍受干旱、高温和昼夜温差大的煎熬，活上好几年。

当肉苁蓉的种子遇到梭梭的根部，便会在根细胞分泌物的刺激下从珠孔萌发出 1～3 厘米长的吸器。当吸器遇到梭梭的根部，就会径直钻进去。以后，肉苁蓉便利用梭梭的营养长成肉乎乎的棍子。这种棍子富含糖分、淀粉和水分，最长可长到 2 米，重达数十千克，被当地人称作甜大蓉、肉松蓉和地精。

干燥后的肉苁蓉药用价值很高，它具有多种糖苷类活性成分，味甜，性温，有补肾阴、益精血、润肠通便的功能，可以治疗妇女不孕和腰膝发软等病症。但由于受到滥挖乱采的影响，肉苁蓉的野生资源已经受到严重破坏，目前已和梭梭一样，被列入国家三级保护植物的名单。

说过了肉苁蓉，有必要再提一下草苁蓉。草苁蓉和肉苁蓉一样属于列当科，也是一种营寄生生活的草本植物。草苁蓉的紫色根状茎会呈瘤状膨大，肉质，高15～35厘米，直径为1～2厘米，而叶片则退化成鳞片状，集中生在茎的基部。每年7月份，草苁蓉抽出暗紫色的肉穗花序，花序长达14厘米。

草苁蓉生长在我国东北地区，以及日本、朝鲜和俄罗斯。它们寄生在桤木、赤杨的根部，第一年先形成一串串疙瘩，第二年便长成黄豆大小的原始体，第三年根状茎上才抽生花序，因此生长过程比较漫长。

据研究，草苁蓉的全株含有甘露醇、生物碱、草苁蓉醛和草苁蓉内脂，因此全身都可入药，有补肾壮阳、润肠通便的作用，主治肾虚阳痿、腰膝腿痛、肠燥便秘以及膀胱炎等，经常服用可以延年益寿，因此民间称它为不老草。

（张小林）

神奇的“牛角”

16 世纪的一天晚上，墨西哥南部的一个小山村里，万籁俱寂，伸手不见五指。村头忽然传来几声惨叫，西班牙传教士佛朗哥披衣而起，举着火把前去看个究竟。

村子里住的都是阿兹台克人，他们骁勇善战，但对佛朗哥却十分友善。只是有一点，他们从来不让佛朗哥接近一间茅屋，而此时此刻，惨叫声却正是从茅屋中传出的。

当佛朗哥赶到那间神秘的茅屋前时，他嗅到了一股浓烈的血腥味。推开门进去，佛朗哥发现这本是一间祭神的屋子。屋子里，满脸潮红、陷入昏迷状态的村民东倒西歪地躺了一地。供桌上一头山羊已被开膛破肚，而血腥味就是从那儿发出的。

桌子上有一些人们吃剩的紫黑色牛角状物体，佛朗哥克制不住自己的好奇心，也抓过来吃了一个。不久，他便出现了幻觉，火鸡、美洲豹、妖魔鬼怪在眼前轮番地出现，弄得他疲惫不堪。事后，佛朗哥把自己所遇到的一切原原本本都记了下来。

现代科学告诉人们，这种紫黑色的“牛角”是麦角菌科植物麦角菌的菌核，它们的直径约为 0.6 厘米，长 1～3 厘米，质地非常坚硬，形状又像牛角，故被称作麦角。

麦角菌是一种真菌，属于子囊菌亚门。在生长过程中，麦角菌会侵入大麦、小麦、黑麦等禾本科植物的体内，寄生在它们的子房内。当人们食用了混有菌核的麦类碾成的面粉时就有可能出现皮肤刺痒、头晕、幻觉、感觉迟缓、语言不清、痉挛等症状，严重的甚至昏迷，最后极有可能死于心力衰竭。

麦角之所以有毒是因为麦角中含有麦角新碱、麦角胺、麦角毒碱等多种生物碱。麦角中有毒生物碱的含量通常为 0.015%～0.017%，最高竟达到 0.22%。而一旦麦子中混有 5% 的麦角就不能食用和供作饲料了。令人头疼的是，麦角的毒性相当稳定，可以保持数年之久，甚至连放在火上烘烤也不能使它们失去毒性。

幸好，人们已经想出很多办法来防止受到麦角的伤害，比如，可以先用肉眼认出并弃去麦角，或用机械的方法除去麦角。最绝的是，利用麦角和麦穗密度的不同，可以用 25% 的盐水漂去麦角。当然，最保险的还是：运用科学的方法去检验面粉中麦角的含量是否低于允许的含量。

此外，在翻地时可深翻土地，使菌核不能萌发；也可与非禾本科作物轮作；更可以清除麦田内外的野生寄主。

人们分析，生活在墨西哥南部的阿兹台克人之所以要服用麦角，是因为他们想使自己出现幻觉，以便更好地与“神灵”沟通。而在医学上，人们已经将麦角作为药物用于治疗。比如，麦角制剂常可作为子宫出血或内脏出血时的止血剂，而麦角胺则可以治疗偏头痛和放射病。

令人产生幻觉的化学成分主要是麦角酸二乙酰胺，它是麦角酸的一种衍生物，是麦角生物碱中的一种天然成分。1935 年，瑞士化学家从麦角菌中提取了麦角酸。1948 年，一位名叫艾伯特·霍夫曼的科学家又从麦角酸中发现了麦角酸二乙酰胺。随着科学技术的发展，对于麦角的研究已经越来越深入。

令植物学家感兴趣的倒是麦角菌选择寄主的形式。麦角菌分布在埃及、中国以及欧洲、美洲的一些地区，寄主达 35 属 70 多种之多，它们是怎样进入寄主体内的呢？麦角是落地过冬的，当春天到来、寄主开花时，麦角菌的菌核正好萌发成红头紫柄的子座，每一个菌核竟可以长出 26～30 个子座。每个子座又会长出一层排列整齐的子囊壳，子囊壳内是许许多多的子囊。每个子囊呢，含有 8 枚针形的子囊孢子。这种孢子重量很轻，很容易飘散，遇到了气流、雨水或昆虫，就被传播到麦穗上萌发成芽管。当芽管侵入麦类植物的子房时，就会长出菌丝。这些菌丝很快充满子房并又生出许多分生孢子。

这个时候，最令人不可思议的一幕出现了——麦角菌的菌丝居然分泌出了蜜汁！这种蜜汁溢出子房，吸引蜜蜂和其他昆虫前来采蜜。当这些“昆虫媒人”飞到麦穗时，就把分生孢子带了过去，无意之中播种了祸害。最后，当菌丝不再产生分生孢子时，它们就形成了坚硬的紫黑色“牛角”。

（张小林）

蜇人的植物

在我国首都北京的西南部，位于河北省涞水县境内，有一处名叫野三坡的地方，在野三坡有一条远近闻名的蝎子沟。

在蝎子沟里遇到的并不是蝎子，而是一种名叫蝎子草的植物。整条蝎子沟长达 11 千米，里面到处长满了蝎子草，它的叶子长得有一些像桑叶，看上去很是温柔可爱，如果不小心碰到了它，就会感到疼痛难忍。这是什么道理呢？

原来蝎子草的全身都长着毛，叶片背面生的毛是蜇毛。若不小心碰到了蜇毛，蜇毛便会扎进身体。蜇毛为什么会使人感到痛苦呢？这是因为蜇毛是一种由表皮细胞延长而形成的腺毛。它由两部分组成，表面部分被称为单细胞毛管，基部便是由许多细胞组成的毛枕。

毛枕会分泌并贮藏毒液，这种毒液的成分十分复杂，有甲酸，有乙酸，也有酪酸，更有含氮的酸性物质和一些酶。毛枕中贮藏的毒液被输送到毛管中，毛管的一端成了刺，基部很硬，中间却很脆弱。刺扎进人或动物的皮肤内，便会被折断，于是毒液便一股脑儿被送进被害者的身体。

蝎子草分布于我国的陕西、河北、河南西部、内蒙古的东部和东北部，其他国家，如朝鲜也有分布。和蝎子草一样会蜇人的还有分布于我国云南、贵州、湖南西部和四川西南部，其他老挝、缅甸、印度的大蝎子草。

与蝎子草相比，大蝎子草的个子要大得多。大蝎子草也是草本植物，最高可长到 2.5 米。它的叶子呈五角形，全身也长满可怕的蜇毛，被蜇后也会感到疼痛无比，像是被蝎子或马蜂蜇着一般，被蜇的地方以后还会出现红肿，几小时或几天以后才会消去。

蝎子草和大蝎子草都属荨麻科。许多荨麻科的植物都会蜇人，它们共分 5 个属 30 多种，遍布全国各地。比如，南方常见的蜇人植物有荨麻和大蝎子草，北方则有蝎子草、焮麻和狭叶荨麻。此外，生活在广东和海南的海南火麻树，生活在广东、广西、云南的圆齿火麻树和圆基叶火麻树也都会蜇人，人、畜被蜇以后皮肤都会红肿并感到疼痛难当。

被蝎子草一类蜇人植物蜇伤以后千万不要惊慌，应该马上用肥皂水冲洗或涂抹碳酸氢钠溶液以中和毒液。如果皮肤已经被扎破，则应该马上敷上浓茶或鞣酸，以免受到感染。

其实，许多荨麻科植物是很好的药用植物和经济植物，就拿荨麻来说吧，它的全草都可供药用，可治疗风湿和虫咬。它的营养价值十分丰富。据测定，每千克荨麻叶和嫩枝的干物质中，竟含胡萝卜素 140～300 毫克、维生素 C 1 000～2 000 毫克、维生素 K 25 毫克、维生素 B_3 20 毫克。荨麻的千克干物质中，铁、锰的含量比苜蓿的还多 3 倍，铜、锌的含量更比苜蓿的多 5 倍！此外，荨麻还含有单宁、有机酸和其他一些活性物质。科学家发现，用荨麻来喂家禽，不仅产蛋多，而且还可以防治疾病。以往，国内尚无种植荨麻以作纺织原料的先例。2002 年，在我国的新疆，有人开始规划人工种植荨麻以获取荨麻的纤维。这是因为荨麻纤维的韧性很强，可以织出优质的防弹衣。

同属荨麻科的苎麻也有很大的利用价值。苎麻产于我国的山东、河南和陕西以南的各个省区，它的茎皮纤维可供制作夏布，是制造优质纸的原料。苎麻的根和叶可供药用，有清热、解毒、止血、消肿、利尿、安胎的作用。苎麻的叶子既可以养蚕，也可以作饲料，种子榨油以后可供食用。

随着育种技术的发展，中国农业科学院的科研人员经过引种、驯化，成功地培育出杂交荨麻。这种杂交荨麻可作蔬菜，它味道鲜美，口感滑腻，营养丰富，每 100 克嫩茎或叶中含粗蛋白 4.66 克，脂肪 0.62 克，粗纤维 4.34 克，碳水化合物 9.64 克，还含有丰富的铁、钙等无机盐、胡萝卜素和维生素 C。

难能可贵的是，杂交荨麻根的提取物含有多糖类化合物，能调节 T 淋巴细胞的免疫功能，阻止癌细胞的分化与扩散，可治疗前列腺肥大或其他一些癌症，因而正越来越引起人们的注意。

蝎子草等荨麻植物为什么会生出如此可怕的蜇毛呢？科学家告诉我们，这是植物出于防卫的需要，一些植物看上去很诱人，它们的叶子是许多食草动物乐于享用的。天长地久，为了免遭灭顶之灾，一些植物体内便产生了单宁等涩嘴的化学物质，另一些植物则干脆进化出各种各样的毒针、毒刺和其他稀奇古怪的小玩意儿。

植物体内产生的化学物质一般都是新陈代谢的产物，它们有的有毒，有的无毒，被称作是植物的次生物质。

（张小林）

抗癌植物

目前，全世界每年约有800万人死于癌症。科学家们通过现代冷冻、放射、激光、干扰素、伽马刀等现代医疗手段，致力于如何克服这个痼疾时，植物学家们却在生机勃勃的植物世界中寻找攻癌的良药。

美国植物学家罗伯特·珀杜的研究室收罗了全世界50 000多种植物，经过20多年的研究，已发现能抗癌和致癌的植物约有2 200多种。

在治疗癌症中有效的植物不少，如猴头菌、蘑菇、灵芝、冬虫夏草等。日本已将蘑菇提取物与矿泉水制成“蘑菇矿泉水”饮料，用于防癌、治癌，因为蘑菇中含有的嘌呤碱能抑制癌细胞生长。在无花果和番木瓜中则含有对付白血病的物质天门冬氨酸。味道可口的番木瓜，含有能抗白血病和肿瘤细胞的植物盐基。

在观赏花木中也有抗癌物存在，如日本药学家在花园中发现极普通的“日日草”(在我国称之为长春花)，它是一年生直立草本植物，夏秋开花，体内含有生物碱67种，其中6种有抗癌作用。从它体内提取的物质，能使患晚期癌的小鼠生存期延长15～60天。这种植物最早被加拿大和美国学者用来治疗糖尿病，经病理化验证明，它会引起白细胞减少，于是采用逆转实验，专门用于白血病治疗，有很大效果。

人们喜欢吃的“菱角”能治疗子宫癌和胃癌，仙人球、仙人掌、龙舌兰中含有的一种名叫“角蒂仙”的成分对癌症和肺结核都有疗效。

胡萝卜、南瓜、豆芽菜、杏干等，含有阻断人体和动物中合成致癌物质亚硝酸胺的物质，有抗癌的作用。

大蒜也是抗癌性很强的植物，大蒜中的蒜碱容易被大蒜中的蒜酶分解，分解后的“生蒜辣素”有极强的杀菌作用，在20世纪60年代，美国科学家发现了大蒜内的氨基酸能抑制癌症的扩大。

另外，意大利和美国科学家们发现马兜铃块根中所含的马兜铃素有提升白细胞及增强吞噬细胞的吞噬功能，医治肿瘤病有显著疗效。在秋水仙中发现有抑制宫颈癌、乳腺癌的秋水仙碱。近年来，我国科学家从海南岛的粗榧树中还提炼出了名叫“三尖杉酯碱”的化学物质，用于治疗白血病。

（邬志星）

叶上奇观——叶斑

根据世界上的流行趋势，家庭园艺装饰的室内主角将是观叶植物。因为观叶植物布置在室内任何地方都能展现它的本色，是自然和生命的标志。观叶植物备受青睐，是因为它能体现出植物的形态美、色彩美、风韵美。园艺科技工作者经过多年研究，已成功地从 200 多种植物中筛选出供室内布置、具有较高观赏价值的观叶植物 100 多种，特别是那些能给人们以旖旎热带风光感觉的观叶植物，如各种橡皮树、藤本的龟背竹、喜林芋、色泽美丽的变叶木，还有叶子上有各种花纹的花叶芋、花叶颇为奇特的凤梨科植物。

观叶植物最大的特性是能在光线较暗的地方生长。这主要是它具有光补偿点低的特点。所谓光补偿点是指植物在一定的光照下，光合作用吸收的二氧化碳和呼吸释放的氧气数量达到平衡状态时的光照强度。当光照强度高于光补偿点时，植物才能积累干物质。由于喜阳植物光补偿点高于喜阴植物，因此在室内光线较暗的情况下，不易积累干物质，甚至还会出现叶子脱落、枯萎等状况，如在室内种植喜光性的月季、五针松、石榴、菊花等都不易成活，而观叶植物则有条件成为家庭园艺热衷的室内主要绿色植物。

在秋色迷人的庭院中，人们可以看到黄、绿、红叶层林尽染的景色，更为吸引人的还有叶片上的各色图案。如窗台上悬吊的金边常青藤、白绿相间的叶片在微风中迎风摇曳于案几上的花叶芋，它那碧绿的叶片呈现出点点红斑。叶子上彩色的斑点或图案叫作“叶斑”。“叶斑”名称很多，如生长于热带地区的著名观叶植物“变叶木”，它的叶子形状极多，有狮耳大叶的，也有鸭脚戟形的，在叶子上显现的“叶斑”有黄斑、橙斑、粉红斑和褐色斑点，缀于绿叶之中，有条纹状的，也有斑点的，科学家们把这种斑点叫作“虎斑”。叶子芋艿状的花叶芋，有的绿叶上有红白色点，被称之为“星斑”；有的绿叶上有殷红的线条勾

▲阔叶双叶木

◀彩叶草

勒出叶脉清晰的轮廓，名叫“网斑”。吊兰素有“凌波仙子”之称，金边吊兰叶面上黄色呈丝带状的斑纹更显特色，被称为“缟斑”。

这些奇异的色斑，经科学家们研究认为，是由于叶片细胞中的色素在起“魔术师”的作用。当叶子中的叶绿素生成机制一旦受阻或细胞产生基因突变后，在某一部位若被花青素、叶黄素、胡萝卜素侵入，即会出现叶面上色彩斑斓的奇观。这一有趣的植物生理变化还能通过物理、化学等方法，如用X光照射来使植物叶内发生突变来使叶片出现“叶斑”现象。许多科学家认为，若干年后人们一旦掌握能使叶斑不断出现在叶片中的方法，植物的观赏价值将会更高。

（张春荧）

世界植物之最

木材最轻的树：美洲热带森林里的轻木，是生长最快的树木之一，也是世界上最轻的木材。

比钢铁还要硬的树：铁桦树，木质坚硬，比橡树硬三倍，比普通的钢硬一倍，是世界上最硬的木材，人们能把它用作金属的代用品。

树冠最大的树：孟加拉榕树，它的树冠可以覆盖15亩左右的土地。

紫荆与紫荆花

香港特别行政区区花紫荆花的形象人们已经很熟悉了，它的花大而且艳丽，紫荆花的生态习性如何？它与春天在庭院中开的紫荆以及广西的紫荆木之间有什么不同？

植物研究工作者认为，香港区花紫荆花就是“红花羊蹄甲”，它还有一个名字叫“红花骆蹄树”，取它的叶形，香港人也将其叫作“兰花树”，它的科属为苏木科羊蹄甲属半常绿乔木，高可达 15 米。开花时，花蕾为纺锤形，花蕊为红紫色，十分美丽且有香味，花期从 9 月份开到次年 2 月份，在华南地区常见。南方可作露地栽培，开花时树上仿佛有成千上万只红蝴蝶在翩翩起舞，十分瑰丽壮观。

上海地区春天开花、先花后叶的紫荆花是一种落叶灌木（或小乔木），它是原产我国的早春观花植物，属豆科，在鄂西有野生大树，它一般在庭院及公园中单植，花开时满树为紫花，也有白花变种，紫荆常与棠棣并植，金紫互相辉映，很是艳丽。

生长在广东、云南等地区的常绿乔木——紫荆木，则是山榄科的植物，原来也叫紫荆，被称之为“广西四大铁木”之一，可长到20米高，树干笔直，树皮黑褐色，一年开二次花、结二次果。紫荆木的木质十分优良，可作为建筑、桥梁等材料，它的种仁含油量达45%，可制作肥皂及食用，有“木花生”之称。

在我国的海南岛还生有紫荆木兄弟——“海南紫荆”，原也叫“紫荆”，但因为容易与其他紫荆混淆，“紫荆”前面加上“海南”二字或称作“子京”，由于被大量砍伐，已成为稀有植物，现在被列为三级保护植物。它的木材色为暗红，可长到30米高，这种树含有淡黄白色乳汁，黏稠如胶液。果实成熟时味甜可以吃，其种子所含的油量比紫荆木还要高。

（郧志星）

一方水土养一方植物

人们去黄山旅游时往往会被黄山上扎根于高山岩缝中的松树所折服，它高大、姿态优美，且不嫌土壤贫瘠，任凭风霜雨雪，照样巍然挺立。但是如果把它移栽到平原上，即便仔细呵护也不能成活。同样，海南的椰树，高大挺拔，果实累累，但是如果想把这南国风光搬到内地，在庭院中栽上几株椰子树，也一定不会成功。这是为什么呢？原来地球各个地方的自然条件都不相同，有的寒冷，有的炎热，有的干旱，有的潮湿，有的常年阳光直射，有的终日阴暗。但是只要有生存的可能，就会有植物的存在。各种植物在长期的进化中，逐渐形成了与当地环境相适应的生活习性。如果骤然改变它们的生活环境，就会造成它们的死亡。有的虽然看上去还活着，但是不会开花结果，这就意味着它们终将被淘汰。当今世界上绝大多数的植物，都只能生活在很局限的地区。许多当地的植物汇聚起来，造就了有地方标志的植物景观。如海南的椰林、内蒙古的草原、东北的白桦林、非洲的稀树大草原、地中海的硬叶林……像车前、蒲公英这类能在世界大部分地区生活的植物只是少数，它们往往伴随着人类的踪迹，常出现在屋边、路旁，而在自然生长的树林内、草原上是很难找到它们的。

植物的生长，取决于两个重要因素：水分和太阳辐射。在地球的陆地上，有两类地方不适宜植物的生长：一是十分寒冷的地方，如终年有冰雪覆盖的南北极，以及雪线以上高山地区；二是十分干旱的地方，如沙漠戈壁地区。其他地区只要没有人为地破坏，都可以被绿色的植物所覆盖。由于地球上的气候条件变化是有规律的，所以植物的分布也是有规律的。

在水分充足的地方，植物都长得高大，一般都可以长成高大的森林，随着水分的减少，植物的地上部分就逐渐矮化，由森林到灌木再到草本。例如我国的华北地区靠近黄海，水分较多，自然植被就是森林，西北地区由于受到青藏高原的影响，降水从东到西逐渐减少，东部以草原为主，而西部则成了荒漠。

在纬度低的地方，气温较高，没有冬天，植物可以终年生长。随着纬度的逐渐升高，冬季的天数逐渐增多，植物休眠的时间也越来越长，生长速度也越来越慢。在森林外观上，表现为从常绿树到落叶树，从阔叶树到针叶树的变化，而且组成森林的树种也越来越少。

例如在我国海南岛的南端，是热带季风雨林，树种十分丰富，长江以南地区主要是常绿阔叶林，长江以北到淮河以南地区是常绿、落叶阔叶混交林，华北平原和东北南部，以落叶林为主。东北地区的中部，主要是针叶、阔叶混交林，最北端的大兴安岭，则是单纯的针叶林了。如果再往北，穿过西伯利亚的针叶林，就是灌丛草甸了。在靠近北极的地方，每年夏天，只有表层土壤解冻，深层的土壤一直冰冻着，植物也只剩下了耐寒的苔藓和地衣了。

▲ 黄山迎客松

地球的表面有许多高山，山上山下的气温湿度都有着明显的差异。一般来讲，海拔每升高 100 米，气温就下降 0.4 ℃～0.7 ℃，大致与地球纬度增加 1° 相当。所以植物的变化基本上也是从常绿阔叶林到落叶阔叶林到针叶林这个规律。

如福建武夷山，地处常绿阔叶林的分布区。所以从山脚到海拔 1 000 米主要是常绿阔叶林；随着海拔的升高，落叶树种慢慢地多了起来，在海拔 1 000～1 700 米的范围内分布着常绿、落叶阔叶混交林，不过没有明显的落叶阔叶林；针叶林主要分布在海拔 1 500～1 700 米的范围内；海拔 1 700～1 950 米的山顶沟谷上部分布着灌丛矮林；而在海拔 1 750～2 185 米的山体顶部则是以禾草为主的山地草甸了。

了解了植物分布的规律，有助于我们对植物的利用。比如在我国东部地区建一块草地，就必须用大量的人工来维持，这是因为低矮的小草绝不是当地高大植物的竞争对手。一旦疏于管理，高大的草本，甚至树木就会伺机而出，树林最终会取代草地。西部草原的恢复，宜多种草，少栽树，因为树木消耗的水分要比草多得多。西部本来就紧缺的水资源会因大量的树木而更加匮乏。北方要想栽中国香港地区的紫荆花树，就必须考虑怎样越冬。而南方要种北京香山的红叶，则要掂量如何熬过炎热的夏天。总之，培植当地物种是最经济的，引进外地植物就必须权衡利弊。在我们进行城市移栽大树之时，不少大树因为移栽过程中的伤害和种植上的环境不习惯，往往会死亡不少。因此，这就需要我们慎重地考虑一方水土养一方植物的道理，用科学发展观来对待这个正在推行的问题，就会避免好树、大树的过早迁移而死亡，使自然界的生态达到良性循环。

（秦祥堃）

从裸岩到森林

在荒山野外，如果注意观察就会发现，有些岩石或树皮上，长着一片片灰绿色、黑褐色、橙黄色和灰白色的“斑块”，有的像一层皱巴巴的硬壳，有的像毛茸茸的绒布，这就是地衣。正是它，成为裸岩的“开拓者”。地衣的结构很特殊，它是藻类和菌类的共同联合体。许多纵横交错的真菌菌丝，紧密连接，围绕着绿色的藻类细胞，真菌从空气中吸收水分，而藻类则通过阳光制造养料，既养活自己，又养活真菌。地衣这种巧妙的结构和生活方式，使它能同一切恶劣的环境抗争，尤其能耐受严寒干旱。因此它的足迹几乎遍及世界的各个角落，从高山到荒漠，从南极到北极，到处都可以见到地衣生存。

当地衣的碎片飘落到裸岩上后，它根本不需要土壤，凭借空气中的水分和光合作用制造的养料，就足够维持

生存。这时，地衣一边缓慢生长，向四周扩展，一边分泌出特殊的酸性物质，逐渐腐蚀着裸岩的表面。随风吹来的尘土微粒也被地衣吸附，使地衣层不断加厚。随着岁月的流逝，地衣一批一批地生长，又一批一批地死亡。死亡的地衣躯体，加上尘土和被腐蚀的岩石颗粒，终于在裸岩上形成了一层薄薄的土壤。

接下来，另一类小型的植物——苔藓，作为开拓裸岩的第二梯队，将它繁殖后代的孢子随风飘散开来。此刻假如这儿依然是一片完全裸露的岩石，孢子绝对无法生存萌发，但是由于有了地衣，情况就大不一样了，尽管岩石上的土壤薄得可怜，苔藓却毫不在乎。于是岩石上出现了苔藓和地衣混居的场面。

逐渐的，苔藓和地衣发生了不可调和的矛盾，苔藓利用它生长迅速的优势，占领了越来越多的地盘，并用它的身躯阻挡了阳光，使地衣不能进行光合作用，最后慢慢死去，苔藓就成了岩石表面唯一的主人。这时，原先光秃秃的裸岩彻底地变了样，无数苔藓在岩石表面，连成一片，仿佛给岩石穿上了一件绿色的“衣衫”。

苔藓接替了地衣在岩石上开始了新的开拓，它以地衣无法比拟的速度生长繁殖，年复一年，一代代死去的苔藓形成了更多腐殖质，使得土层变肥变厚。当土壤层达到一定的厚度后，种子植物就开始“入侵”了。

首先到来的是一些一年生的耐旱草本植物，一旦它们扎下了根，就利用生长优势，茂密的枝叶，掩盖了苔藓，直到最后把苔藓植物排挤出去。以后，类似的演替还继续进行：多年生的草本代替了一年生草本，灌木丛代替了草本，最后，高大的乔木最终成了占领者。如果外界环境没有大的变化，森林将一直绵延下去。这就是生态学上所说的“顶级群落”。

从昔日光秃秃的裸岩，到生机盎然的森林，这是一个从简单到复杂、从低级到高级的演化过程。这个过程需要几百年、几千年，甚至上万年的时间。但是，一旦森林被破坏，雨水将直接冲刷土壤，造成水土流失。假如土壤都冲光了，想要恢复森林，又将是一个漫长的周期了。

（秦祥堃）

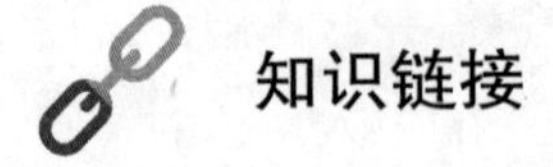

顶级群落

顶级群落是生态演替的最终阶段，生物群落经过一系列演替，最后所产生的保持相对稳定的群落。处于演替初期的群落养分积累大于消耗，生物量大，不断地为增加生物多样性创造条件，而群落发展到顶级群落后，生物量趋于稳定，积累等于消耗，生物种类不再增加，而是保持稳定。

高寒山地植物

高寒山地就是永久冰雪带以下的地带，这是植物生长的最高地带，由于强烈的寒冻风化，大量的岩石不断崩裂，植物只有在短暂的暖季获得生长的机会，这里气候严寒，热量不足，辐射强，风力大，昼夜温度变化剧烈，空气稀薄，氧气只有平时的一半左右，在这样的环境下生长的植物必有许多特殊的地方，让我们去看看它们到底有哪些与众不同的本领。

胎生现象。一部分花长出了小萝卜似的芽，如株芽蓼，切开株芽就像一个小的植物，有根、茎、叶，而且叶片已经开始生长，在母体上直接长出新植物体，比开花结籽要省力多了，其他的花朵种子还没成熟，它却可以独立生活了，因为生长期只有二至三个月，这是为了适应这样短的生长期而采取的生存策略吧。

▲ 毛头雪兔子

自制“棉被”。在石缝中有两株毛茸茸的植物——毛头雪兔子，它属于菊科凤毛菊属，全株植物像盖着厚厚的棉被，其实这是它叶片上长出的长长的棉毛，当太阳照到它的身上时，这毛茸就把热量积聚起来，它的花就在顶部那毛茸的下面，当花朵成熟开放时，便伸出花蕊接受昆虫传粉，而平时它就被厚厚的毛茸盖着。

自建温室。大蜡烛似的植物叫塔黄，属于蓼科，地上部分要长好几年才开花，黄色的是它的花序，花序就像一座温室，由众多苞片构成，每一个苞片向下把花序盖起来，当外界温度为 13 度时，花序内的温度可达 30 度，保证了花果的正常发育。夜晚周围的气温下降至零度以下时，花序内的温度还在零上 6 度。

垫状植物。有一些植物受强风、雪压影响，形成半球形的垫状体，其叶小而密，覆于表面，稠密交织的小枝之间充满着枯叶与细土，能增加热容量，减少水分的蒸发，这种垫状植物的寿命可长达百年以上。

罕见的生理抗性。生长在岩石上的一群苔藓植物，名字叫紫萼藓。苔藓植物通常生在阴暗潮湿的地方，可是在高山上，四周裸露，没有东西可以给它遮阴，太阳把石头晒得发烫，紫萼藓被晒干，用手指一搓，便像干茶叶一样，变成粉末，可是一旦云雾来临，在雾气的湿润下，它又恢复生机，继续生长。不但如此，它还进行着有性生殖，产生孢蒴。紫萼藓的结构像其他藓类植物一样，叶片上除了中肋之外基本上是单层细胞，没有上表皮和下表皮，在这高山之巅植物生长的极限之地，却能照样繁茂地生长，猛烈的太阳晒不死，急速的冰冻冻不死，它体内的抗旱、抗寒、抗紫外线的基因是人类极为需要的。

▲ 塔黄花序

（马炜梁）

植物的动物名字

在众多的植物世界中，不少植物都有一个漂亮的名字，如文王一枝笔、七叶一枝花等等，其中也有不少有着动物名字的植物，如被誉为山里的“水怪”——山蚂蟥，它是蝶形花科植物中的小灌木或草本植物，羽状复叶通常具有 3 枚小叶，有些种类为单小叶或 5 小叶。其荚果扁平，不开裂，但会分成数节（荚节）脱落，是荚果中较特殊的类型。山蚂蟥全世界约有 360 种，多分布在亚热带和热带地区，在中国有近 40 种，有的可作医药解表散寒、祛风解毒，有的可作牧草放养各种禽兽，有的却成为不受欢迎的杂草，严重影响大豆等农作物的生产。

山蚂蟥引人注目的一个重要特点是，果实表面通常具有众多的钩状毛，成熟后极易牢牢地黏附于动物的皮毛或人的衣服上，每一个荚节恰似蚂蟥吸血，不肯轻易放手。山蚂蟥也因此得名。

▲ 鹅掌楸

在山里还有一种植物叫山海螺，是桔梗科植物羊乳的根，通常肥大呈纺锤状，长十几厘米，表面灰黄色，近上部有环纹，而下部则有横长孔，似海螺，故名。鲜根及茎叶断面有白色浆汁渗出，故又有乳薯、羊乳之称。小枝顶端的叶为2～4枚簇生，又有四叶参之名。其根入药，性平，味甘，有润肺止咳、解毒、通乳、抗疲劳之功效。幼叶可做色拉，根除做色拉外，还可做泡菜、烧烤、酿酒等。用山海螺制作的泡菜是一道美味，制作方法是：盐浸30分钟去除苦味，在热的红辣椒水中浸片刻，晾干，加入鱼汁、大蒜、生姜、葱、韭等调味品充分混匀，再罐装，密封2～3日即可食用——其口味绝不亚于海螺肉的鲜美。

植物界种类繁多，以动物名字取名的植物非常多，水里、陆上、空中等各类动物的名字都被拿来借用过。如“水里游”的：水蜈蚣（莎草科）、蟾蜍水鳖（水鳖科），柳叶菜科有一种水龙，茎柔弱细长，生长迅速，蜿蜒于水中，别名过江藤；“陆上跑”的：金钱豹（桔梗

▲ 蝴蝶兰

科）、紫金牛（紫金牛科）、千里马（瑞香科），蚌壳蕨科的金毛狗，根状茎粗大，密生金黄色绒毛，如果取其根状茎先端，切去过长的叶柄，倒置于台上，就宛如一条金毛狗；“空中飞”的：天堂鸟（又名极乐鸟、鹤望兰、鹤望兰科）、鸟蚊子（安息香科）、翠雀（又名鸽子花，毛茛科）、黄蝉（夹竹桃科）、锦鸡儿（豆科）。

以“动物”的局部来命名的：龙胆（龙胆科）、龙眼（无患子科）、龙爪（仙人掌科）、剑龙角（萝藦科）、羊耳（毛茛科）、羊角（野牡丹科）、羊蹄（蓼科）、羊蹄甲（苏木科）、牛膝（苋科）、熊掌（野牡丹科）、螃蟹甲（唇形科）、鲫鱼胆（紫金牛科）、狮子头（仙人掌科）、老鸭嘴（爵床科），等等。

更多的植物名称中包含着动物名，却很容易辨别出它们的植物身份，这是因为其名字往往带有“藻”“蕨”“草”“花”“木”等字眼。如：猴头菌（菌类）、蜂窝衣（地衣类）、鹿角藻（藻类）、虎尾藓（苔藓类）、燕尾蕨（蕨类）、贝壳杉（裸子植物）、鹅掌楸（木兰科）、豺皮樟（樟科）、蝙蝠葛（防己科）、驼绒藜（藜科）、蝎子草（荨麻科）、蚕茧草（蓼科）、凤凰木（苏木科）、象鼻藤（蝶形花科）、鸭儿芹（伞形科）、苍蝇花（白花丹科）、金鱼草（玄参科）、兔儿伞（菊科）、蛇尾草（禾本科）、蝴蝶兰（兰科），等等。

还有些植物名，由两种动物名叠加而成，颇具情趣，如：鹦鹉蝎尾蕉、狗枣猕猴桃、猪鬃凤尾蕨、蛛毛蟹甲草、龙骨马尾杉、麝香贝母兰、蜥蜴翠雀毛、猫爪猴耳环。

（李宏庆）

碱蓬和苦草

碱蓬又名盐蒿，俗称黄须菜，藜科一年生草本植物，能耐3%的盐度，可以在海水中生长。在盐碱地上可长到1米高，在海滩上，高度可达30厘米。

碱蓬是一种生命力极强的野生植物，大量生长在滨海盐碱荒滩上，内陆盐碱地上也有分布，其资源非常丰富，分布于我国东北、西北、华北和江苏、山东、河南等地，亦见于朝鲜、日本和俄罗斯的西伯利亚东部。

碱蓬草每年四五月份长出地面，开始为绿色，慢慢变红，到了9月份便形成浓烈的红色，铺满整个海滩，像一条鲜艳夺目的地毯覆盖在大地上。盐地碱蓬海岸的美丽，是每一个没有亲眼看见的人所无法想象的。用惊艳绝伦来形容，它也当之无愧。

碱蓬是盐碱滩上最主要的“固定居民”，一到秋天，白茫茫的千里盐碱滩上，血红的碱蓬是唯一的亮色。这种在海水中都能生长的植物，支撑着黄河三角洲脆弱的生态系统。

▲ 苦草

早先，碱蓬只能作为野兔或是昆虫之类的“口粮”，在荒年光景，灾民也赖之活命。近年来山野菜行市，碱蓬一跃成为“健康食品”。碱蓬有一种独特的风味：不用加盐，就是咸的。新鲜的碱蓬，吃起来如同渍过盐，这说明碱蓬本身蕴含着盐分。可碱蓬把盐分“藏”在哪里呢？

盐碱地之所以多为不毛之地，原因是土壤中含盐分太多。一般植物很难在盐碱地里生长，一种解释是，当这些植物体内累积的盐分太高的时候，它的根系吸收水分的能力会下降，没有了水分，植物就只能枯死了。

植物是由细胞组成的。从细胞的角度看，当土壤里的盐分（主要是钠离子）浓度过高时，钠离子会透过植物的细胞膜自动渗透到盐分浓度较低的细胞质中，使细胞质中的盐分浓度升高。钠离子多了，会影响细胞质中酶的活性，造成细胞代谢困难，从而使植物萎蔫、死亡。碱蓬却很独特，它能吸收盐分，甚至能改良盐碱地，为其他植物的生存、繁衍提供了一个相对优良的环境，形成盐碱地的生态系统。这个特点，使从事这一领域研究的人们把它称作盐碱地开发的“先锋植物”，但在此以前，它的独特机制却一直没有被人们清楚地认识。

细胞的结构类似于鸡蛋：细胞壁好比蛋壳，里面有细胞核（蛋黄）、细胞质（蛋清），在细胞质里有一个器官叫“液泡”，液泡也在细胞内，漂浮在细胞质中，但相对封闭，功能类似于储藏室，是调节细胞质内部平衡的，细胞质内有什么多余的东西影响酶的活性了，就可以放在这儿，不影响细胞质中酶的活性。液泡的作用往往被人们忽视，在一般的科普著作中都查不到它的解释。科学家们推测，碱蓬体内的盐分只能藏在细胞的液泡中，而在除此以外的任何地方都会影响细胞的生命活动。盐地碱蓬具有典型的盐生结构，叶片肉质，没有叶柄，条状柱形。在碱蓬的茎叶细胞内有贮存盐分的“盐泡”（细胞液泡），其内灰分含量占植物体干重的 30% 以上，其中含钠量高达 6.2% 以上，含氯则超过 10%。

在还未完全脱离海水的高盐的潮滩上，任何其他植物都不能生存。只有盐地碱蓬以其独特的盐生结构，首先扎根于潮滩，使潮滩上有了植物。盐地碱蓬是潮滩上名副其实的开路先锋。自从有了盐地碱蓬以后，潮滩上有机质越来越多，加速了潮滩的土壤化过程。随着潮滩的淤高，滨海盐土中含盐量逐步降低，当含盐量降低至 0.6%～1.0% 时，盐地碱蓬群落中出现较多獐茅。当滨海盐土的盐度进一步降低时，盐地碱蓬群落中出现较多的植株矮小的芦苇。此时盐地碱蓬海岸不再是纯净的紫红色，而是紫红色中夹杂着绿色。因此，碱蓬对改良碱地的生态环境起着非常重要的作用。

苦草是水鳖科（*Hydrocharitaceae*）苦草属（*Vallisneria*）沉水草本植物，圆线形或带形，常被称为扁担草、扁子草、蓼萍草、面条草、水韭菜和鸭舌条等，是典型的沉水植物。具有纤细匍匐枝，叶基生，多为细带形，叶薄，叶长短可视水的深浅而定，长达 2 米左右，叶宽 0.5～1 厘米，顶端为钝形，叶脉三或五条，有许多小横脉。一般分布于湖泊、外荡和圩沟等天然水域中，并广布于世界各地。因其含有较多的营养成分和很强的水质净化能力而具有很高的经济价值。

3～4 月份，水温回升至 15 ℃以上时，苦草的越冬芽或种子开始萌芽、生长。刚出苗的幼草即生长大量须根，30 天左右时叶片长 5～7 厘米，叶宽 0.8～1 厘米，叶片肥厚，呈翠绿色或红褐色，叶片丛生于茎节上；当叶片长度达 10 厘米左右时，植株基部开始长出 1～4 根匍匐茎，匍匐茎每一节上均生根发芽，继而长出新的植株，新植株又长出匍匐茎，所以苦草在水底分布蔓延的速度很快。通常一株苦草一年可形成 1～3 平方米的群丛。

苦草为雌雄异株，雄佛焰苞呈卵状圆锥形，长 6～10 毫米，花序柄长 1～8 厘米，着生于植株的叶腋中，苞内有数个微小雄花，雄蕊一枚，成熟时佛焰苞开裂，雄花脱出佛焰苞而漂浮于水面，借助水流的媒介，使花粉到达雌花的柱头，雄花一般形成总状花序，花序外被一层透明膜质的苞鞘，雄花成熟后，苞鞘顶部破裂，花粉浮于水面，是典型的水媒花。雌花无柄，单生于管状的佛焰苞内，苞长2~8毫米，着生于细长的花序柄上，花萼小形3片，呈绿色，质较硬；萼片3裂，萼片长2~3毫米，花柱3条，每条2裂，柱头的内面有微细柔毛，并有3枚退化雄蕊，子房细管状，雌花的花柄很长，花基部具有膜质的筒状苞鞘，花瓣3片，不发达。如果不断地增加水的深度，雌花的花柄就不断伸长，始终要让雌花伸出水面，以达到接受雄花传粉的目的。但当被水波暂时淹没时，雄花可能被捕获到雌花花被里面而完成授粉过程。每年8月上中旬至10月初，生长着苦草的溪流或水塘中，都可见到水面上漂浮着大量的白粉状的雄花，这些雄花放出花粉，为伸出水面的雌花授粉。

完成传花授粉后雌花的花柄螺旋状收回，将子房拖入水中，在水下发育成果实。10月份果实进入成熟期，花柄逐渐衰化腐败，果实就会漂浮于水面。在晚夏或早秋，一些果实破裂，释放出种子，落在母株的附近。

（崔心红）

地　衣

地衣是自然界中一个相当大的生物类群，种类很多，目前全世界已知的地衣种类约有 14 000 种。在过去很长的一段时间里，人们一直以为地衣是一种单体植物，直到 19 世纪中叶，才发现它是由真菌和藻类共生在一起的一类特殊植物。按照今天的观点，严格地讲地衣也不能算是“植物”，因为它是由真菌和藻类组成的共生复合体，我们没有办法将它归入现在的任何一个植物类群。地衣研究工作者们更愿意将其视为一类特殊的真菌，其所以特殊，就在于它们必须与藻类共生，而在这个共生复合体中，真菌又起着主导作用，因为地衣的生物学特性主要是菌、藻共生中真菌本性的反映，地衣的子实体实际上正是真菌的子实体。地衣的形态特征几乎完全是由参与地衣共生的真菌所决定，甚至有的地衣型真菌能

▲ 生长在岩石上的地衣景观

够和不同的藻类共生而形成同样的地衣体形态。所以，地衣是一类相当专化性的真菌，地衣学家们将其称之为地衣型真菌。地衣的分类就是依据其中的真菌成分来进行的。

并不是任何自然界中的真菌都可以同任何藻类共生而形成地衣的。只有那些在生物长期演化过程中与一定的藻类共生而生存下来的地衣型真菌才能与相应的地衣型藻类共生而形成地衣。实际上，不与一定藻类共生的地衣型真菌在自然界是不存在的，而且许多地衣型真菌与自然界中的非地衣型真菌之间并没有亲缘关系密切的种类存在。而作为与绝大多数地衣型真菌共生的地衣型藻类——“共球藻”属（*Trebouxia*）的种类，在自然界的地衣体外至今尚未发现过。因此，这些高度结合的菌、藻共生生物在漫长的生物演化过程中所形成的地衣物种具有高度的遗传稳定性。

现有的资料表明，地衣的共生菌是依赖于其中的共生藻的光合作用所提供的碳素营养而生活的，而共生藻的藻细胞总是被共生菌的菌丝组织所缠绕，这样，藻类就被置于菌丝组织的保护之中，免于受到强光的直射，有利于它们在弱光下进行正常的生命活动，另外，还能提高藻类的抗旱能力，免遭有害元素及机械作用的损伤，并可得到菌丝体内积累的可溶性矿物盐的补充。正由于两者相互依存，互惠互利，形成了生物学上的互惠共生的关系，并且经过长期的生物演化，还形成了一些既不同于一般真菌，又有别于一般藻类的独特而稳定的外部形态特征。尽管互惠共生现象在自然界中绝非仅有，如根瘤细菌与豆科植物根的联合、生活在澳大利亚某些白蚁消化道内的单细胞原生生物和 3 种细菌的联合，以及某些腔肠动物和绿藻的联合等都是生物的互惠共生现象。但是，地衣却是这一现象中最先被承认，并且至今仍是这一现象中最突出、最完善的类型。像地衣这样完善的共生生物，以致形成一个既不同于一般真菌，又有别于一般藻类的新的形态学与生物学实体，是其他任何互惠共生现象所无法比拟的。

如此完美的组合，使得它们的生存能力极强，在自然界里可谓所向披靡，“足迹”遍布全球——从赤道到南北两极，从海边到高山之巅，从森林到荒漠，到处都有地衣的分布，而且它们对生长基质的要求也毫不苛求，可以生长在树皮、岩石、土壤、苔藓、树叶及砖墙上，废弃的玻璃瓶内壁、死去动物的骨骼残骸，甚至在一些活着的龟类和介壳虫的脊背上都可以发现有地衣的存在。尤其是它们能够生活在裸露的岩石上的能力，是一般的真菌和藻类都难以望其项背的，并且在自然界土壤的形成过程中起着举足轻重的作用，它们往往也是自然界里那些不毛之地上最早的拓荒者，因此也就享有了“自然界的开路先锋”的美名。

（徐　蕾）

桂　花

金秋季节，正当百花逐步凋零之际，庭前屋后、山边路旁及公园绿地的桂花却一树树地盛开了。你无论走到哪里，几乎都能闻到一缕缕桂花的馨香。它不但香，而且美，青翠欲滴的绿叶间，镶嵌一簇簇金黄色的小花，真是“叶密千层绿”“花开万点黄”。如繁星点点，分外妖娆，无怪乎前人要称誉桂花树“独占三秋压众芳”了。

桂花在植物分类上属于木犀科木犀属（又称桂花属）植物，因其叶脉形如“圭”字而得名，又称木犀、岩桂、九里香等。桂花挺秀端庄的身姿、芬芳馥郁的香气、友好吉祥的象征意义，以及不可多得的经济价值，深受人民群众的喜爱，20 世纪 80 年代被评为我国十大名花之一。在这个“家族”里，全世界有 31 种，我国产 26 种，所以中国是木犀属植物世界分布的中心。桂花是木犀属植物的一个代表品种，它的故乡在中国。我国栽培桂花已有 2 500 多年的历史了。劳动人民在长期的栽培实践中，形成许多品种。我们看到花开时呈黄色的，在阳光下金灿灿的便是“金桂”，花朵是银白色的我们称为“银桂”，花朵呈橙红色的称之为“丹桂”，这些品种都在秋天开花，而另一些品种是一年四季都开花，我们把它们称为“四季桂”。

中国种植桂花历史悠久，早在春秋战国时期，就有桂的记载。《山海经》共有五处提及桂、桂山或桂木。东晋郭璞注解：八树而成林，言其大也。楚屈原《九歌》有“援北斗兮酌桂浆，辛夷车兮结桂旗”等诗句。《吕氏春秋》称：“物之美者，招摇之桂”。东汉袁康等辑录《越绝书》，上载有计倪答越王之话语：“桂实生桂，桐实生桐”。由此可见，自古以来，桂就深受人们的喜爱，而引起人们的重视，其发现当有 2 500 年以上的历史。国外栽培的桂花均系由中国传入，日本栽培的桂花来自中国，而英国的桂花是 1771 年前后由中国或日本传入。之后又从英国或直接从中国传入欧洲和美洲及其他国家，印度、爪哇等地。但在欧洲、美洲栽培面积有限，中国是目

前世界上桂花第一生产大国，有高秆种植的桂花风景林、矮秆球形的独成一景的盆栽盆景。我国桂花的繁育、栽培嫁接、修剪、采收、储藏、加工等各项技术都居世界前列。

目前我国桂花的主要栽培分布区在秦岭淮河一线至南岭一线（相当于北纬24°～34°）。在这个范围内，水热条件较好，年平均气温15 ℃～19 ℃，年降雨量900～1 800毫米，年最低气温-5 ℃～18 ℃。这样的环境，桂花生长好。历史上形成许多栽培中心，其中华东地区的苏州、杭州，华中地区的武汉和咸宁，华南北部的桂林，西南地区的四川成都等地，品种最多，而且各栽培中心的传统品种不同，各具特色。

人们见到桂花，常联想起月亮。中国的桂花、中秋的明月，自古就被我国人民联系在一起，编织出脍炙人口的优美传说。农历八月，古称桂月，是赏桂最佳的月份。因此，“桂魂”“桂月”“桂窟”等，都成为月亮的代称。古有“嫦娥奔月”“吴刚伐桂”的神话传说，桂树成了种在月亮上的神树。传说月亮上有座月宫，又称广寒宫，寂寞的嫦娥仙子在宫里。宫中有一株桂花树，高五百丈，所谓“月中有丹桂，自古发天香”，就是指的这棵桂树。它生长得很快，不砍则宫院将容纳不了，玉帝就叫一个修仙时犯了错误的吴刚，天天去砍，可是随砍随合，永远也砍不掉，隐喻着月亮的阴晴圆缺，意味着月亮的再生与永生。在这个传说中，月亮和桂树是两位一体的，桂树能与月亮一样象征长生，将桂花与月宫、嫦娥、吴刚联系在一起，颇富神奇色彩，使世人无不心向往之。连毛泽东主席也写下了“问讯吴刚何所有，吴刚捧出桂花酒”的浪漫诗句，伟大的情怀也溶进了这美丽、动人的故事。

中外古今，人们还把桂花树作为成功、友谊、爱情、美好、吉祥的象征，正是由于月宫中有桂树的传说，便由此也有了“蟾宫折桂”的说法，折桂成了中举的象征，“桂林一枝”成为出类拔萃、独领风骚的同义词。人们将科举考试称为“桂科”，将科举考中称为“折桂”，登第人员的名籍则称为“桂籍”，许多才子争攀折。有人赞曰：“三种清香，状元红是，黄为榜眼，白为探花郎。”将桂花的花色——红（丹桂）、黄（金桂）、白（银桂）与科举中殿试的头三名联系起来，巧妙绝伦。

桂花是一个长寿树种，我国是世界上桂花古树保存最多、分布最广、最集中的国家。陕西汉中南郑县圣水寺的“汉桂”，相传是为公元前 206 年西汉萧何手植，树龄 2 100 多年。在中华大地 300 年以上的古树，不计其数。

桂花遍布大江南北，为人民所喜爱，全国已有 26 个省（区）、市、县以桂花为省（区）花、市花、县花。由于桂花在我国人民心目中具有崇高的地位，四川成都一带每年举办桂花花会，卖桂、买桂、赏桂、吟桂，成为一时盛行的风气。现代则结合旅游或经贸活动，在北京、上海、南京、苏州、合肥、咸宁、桂林、杭州等地举办各有特色的“桂花节”，使桂花更加深入人心，并扩大了地方的知名度，推动了当地的经济发展。

用桂花。中国人有一套历史性的程式，为人们所熟悉和喜爱，颇具特殊风格。如用玉兰、海棠、牡丹、桂花相配，取其谐音“玉堂富贵”；用金桂、玉兰、海棠相配，取其谐音“金玉满堂”；用白玉兰、海棠、迎春、牡丹、桂花同植于庭前，取“玉堂春富贵”之谐音。两株桂花对植而形成“两桂当庭”或“双桂流芳”，这都是人们喜爱的传统配植方式。而今，无论是庭院、山间、公园、风景区、房前屋后，桂花的应用极其普遍，桂花的诗、词、歌、赋、画、文、曲、故事等不一而足，家喻户晓。

食桂花。桂花又是传统的香花植物，花虽小，香味持久稳定，桂花香气有别于兰花的幽香、梅花的淡香、水仙的清香、荷花的微香，既是浓郁的，又有些甘甜，让人难忘而记忆深刻，故古人赞之曰“清可绝尘，浓能溢远”，因其有“韵”，便是仙香了。早在 2 000 年前，用桂花制酒，桂花窨制花茶，至今，桂花酒、桂花茶仍负盛名。同时，开发出了桂花糕、桂花糖、桂花月饼等食品 50 多种。桂花还可制取芳香油或浸膏，作为高级名贵天然香料，用于各种香脂香皂及食品中。据祖国医学记载，桂花还有化痰散淤、肠风止痢、治牙痛、去口臭等功能，近来有研究证明，桂花香气有降血压的功效。

一种花卉能在亿万人民心目中有如此牢固的地位，已远远超出了花卉的影响和意义，桂花已成为一种国泰民安、太平盛世、民风文明的物质象征，真是国之花、民族之花、家之花。

中国是花卉大国，资源极为丰富，但很多原产中国的花卉如牡丹、兰花、山茶、月季等国际品种登录权威被外国获得，一直到1998年11月，北京林业大学陈俊愉院士才有了零的突破，获得了梅花的国际品种登录权威。国际园艺学会品种命名和登录委员会于2004年10月27日，正式批准中国花卉协会桂花分会及南京林业大学向其柏教授为木犀属植物品种国际登录权威。表明了中国在木犀属（桂花属）研究中处于国际领先地位，标志着中国园林植物已经在世界植物研究中处于先进行列。这一国际登录权威的获得无疑对中国花卉产业，尤其是桂花产业将是一次难得的机遇，对木犀属植物走向世界具有极大的推动作用。桂花！中国为你骄傲！

（刘玉莲　李　林）

为什么说植物是最重要的生物

正是植物的出现，尤其是在5亿年前，陆生植物的出现，才使陆地变得丰富多彩，生机盎然。绿色首先出现在水边潮湿地，随即第一批陆生动物也开始活跃其间。以后它们相互依赖，相互促进，慢慢地向内陆、高山扩展，最终布满了整个陆地。植物演化成形形色色的大树、小草、藤蔓，动物也进化成林林总总的飞禽、走兽、爬虫，从而形成了丰富多彩、生气勃勃的世界。

生物的大量出现，它们的出生、成长、运动、死亡，使地球上的物质和能量发生了变化。不过，上亿年来，地球上总的环境并没有太大的变化，这主要归功于植物。

植物最重要的贡献无疑是光合作用了。光合作用就是绿色植物细胞内的叶绿素利用光能把二氧化碳和水合成有机物，同时释放出氧气的反应。可以夸张一点说，没有光合作用，就没有生物界的一切。

首先，光合作用是迄今地球上唯一大规模将无机物转变为有机物的过程。正是这些有机物构成了形形色色的植物，同时它也为动物提供了食物。假如没有这些有机物，不但没有了植物，动物也失去了赖以生存的食物，不可能生存下去。

其次，光合作用形成有机物的同时，也把太阳光能转变成了化学能。这种能量积蓄在植物有机物中，用来作为自身生命活动的动能。而食草动物则在消化植物有机体的过程中，将这种能量释放出来，一部分用来维持自身的生命，一部分则重新储藏在动物有机物之中。这些能量，将来可以提供给食肉动物，也可以在死后提供给食腐动物以及微生物之用。生物界赖以生存的能量，绝大多数来自植物的光合作用。这些能量对于我们人类

来说，更有一种特殊的意义，煤、石油、天然气等燃料都是古代植物所储蓄的能量，它对人类文明的进步起着决定性的作用。如果没有对这些燃料的利用，我们人类至今还与猿猴无异。

氧气是所有生物呼吸的必需气体，物质氧化、燃烧也都离不开氧气。尽管每天大量消耗氧气，千万年来大气中的氧却并没有明显减少，这就不能不归功于光合作用。正是它所产生的氧气，源源不断地向大气中补充，才比较稳定地保持着大气中氧的平衡。

植物的另外一个重要作用是分解作用。任何生物都有一个生存寿命，即使有一些裸子植物可以活上上千年，最后也难免死亡。千万年来，那些死亡的生物体并没有堆积起来，而是消失得无影无踪，那也是植物的功劳，尤其是那些低等植物，它们在繁衍的同时，将生物的尸体从有机物分解成无机物，将其回归到大自然中，成为绿色植物再次利用的原料。这样，地球上有限的资源通过植物的合成、分解，就可以得到无限地利用。

此外，植物对于我们生活环境的稳定和改善、生活质量的提高，也有着至关重要的作用。我们日常生活和工农业生产中所产生的废水、废气、废渣，主要是通过植物来净化的。植被的好坏，对防止水土流失、防止洪涝灾害也有着直接影响。

因此说，植物是这个地球上最重要的生物。

（秦祥堃）

知识链接

世界植物之最

最甜的植物

非洲的薯蓣叶防己的果实可谓世界上最甜的植物了。这种红珊瑚般可爱的果实，外形与野葡萄颇为相似，然而甜度却不能同日而语，因为它们比食糖还要甜上9万倍。

最短命的植物

生长在沙漠中的短命菊可算是植物界中寿命最短的植物，因为它只能活几个星期。沙漠中气候常年干旱，短命菊在稍有雨水的时候，就会立刻萌芽生长，开花结果，然后死亡。

寿命最短的种子

沙漠中梭梭树的种子，被认为是世界上寿命最短的种子，因为它只能活几个小时。但是它的生命力很强，只要有一点点水，在两三个小时内就会生根发芽。

奇妙的植物遗传分离规律

1843 年，有个叫孟德尔的奥地利青年，对科学很感兴趣，长于数学，喜欢观察生物，也喜欢研究气象和地质。他在奥地利布鲁思修道院做修道士的时候，在修道院后面的一小块园地里种了豌豆、耧斗菜、紫茉莉等植物进行杂交试验，同时，还在园地的边上养了蜜蜂，在自己的房子里养了小老鼠，对它们也进行杂交试验。在众多的杂交试验中，孟德尔的豌豆杂交试验做得最成功，他观察杂交所产生的后代，并对后代的后代也进行了仔细分析。由此他看到了以下情况：如高秆的豌豆与矮秆的豌豆杂交，产生的第 1 代植株都表现为高秆，然而它们的第 2 代植株却表现出 3/4 高秆、1/4 矮秆，其他的相对性状也是如此。为了说明以上的遗传现象，孟德尔根据自己的试验结果，提出了 6 个假说：

植物的每一性状仿佛是独立遗传的，研究植物的遗传可以就性状的本身进行研究；

每一性状在生殖细胞中由一个决定的因子所代表，每个因子控制一个性状的发育；

每一性状在植物体的遗传组成中有两个因子，一个是从雄性亲本来的，一个是从雌性亲本来的；

在配子形成中，成对的因子彼此分离，结果每一个配子只含有成对因子的一个；

在杂交中，所研究性状的成对因子，彼此不同，在形成配子时，它们彼此分离，相互不发生影响，所形成的配子在遗传上是纯粹的；

杂种所产生的不同配子，数目相等，而杂种所产生的雌雄配子的结合又是随机的，各种不同配子的结合有同等的机会，因为各种配子的数目是相当的。

孟德尔对豌豆连续好几代检查杂交的后代，证实了假说，并且从 1900 年以来世界各国学者所发表的相关论文也都证实了孟德尔的假说。许多学者在其他植物方面、动物和人类方面进行研究也证实了孟德尔的分离规律，这就是著名的孟德尔遗传规律——遗传因子的分离规律，即在杂种的细胞里同时存在着显性因子——杂种中表现出性状的因子、隐性因子——杂种中不表现出性状的因子，当它们与显性亲本交配后，后代都表现为显性性状，与隐性亲本交配后，后代则所表现出一半为显性性状，一半为隐性性状。

为了使人们能更好地理解孟德尔的遗传规律，植物学家用枝条在地上不断地划着各种符号作进一步讲解，豌豆的高秆是显性因子 D，矮秆是隐性因子 d，它们都是纯合子即 DD 或 dd，它们产生一种配子 D 或 d，它们的子一代为 Dd，表现为高秆。将子一代与显性亲本回交和与隐性亲本回交，则出现以下情况：

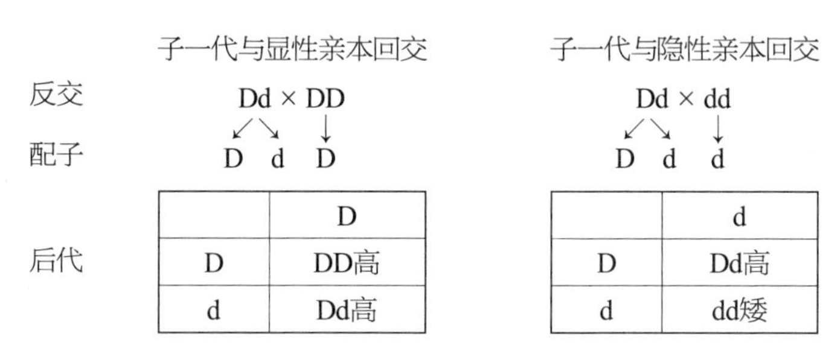

	D
D	DD高
d	Dd高

	d
D	Dd高
d	dd矮

与显性亲本回交它们的后代都是高秆，与隐性亲本回交它们的后代则一半是高秆，一半是矮秆。如果它们的子一代与子一代杂交的话，则出现下列情况：

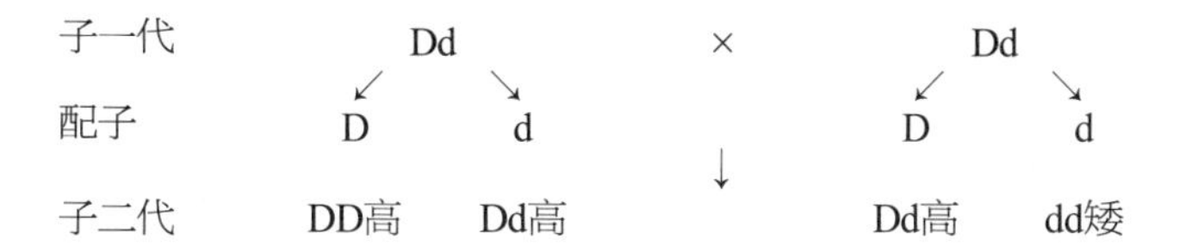

子一代与子一代杂交所产生的子二代有四分之三是高秆，四分之一是矮秆。我们每年在园林花卉和观赏植物上要做大量的杂交育种工作的目的，也就是为了克服杂种后代不利的隐性因子，不断育出具有更高观赏能力、适应恶劣环境的生存能力以及抗病能力的园林花卉及观赏植物新品种。

（杨建镆　吴根娣）

花草树木吃什么

一草一木皆是生命，生命的维持和成长需要不断补充营养。那么，花草树木究竟需要哪些营养呢？古往今来，许多人为此做了大量观察研究和实验。300 年前，比利时学者赫尔蒙在一个大盆里装了 90 千克烘干的泥土，用水淋湿，插入一段 2 千克的柳条，平时除淋水外，什么肥料也不加。5 年后柳条长大成树，他挖出来去掉根上泥土称一下，柳树重 76.5 千克，此时盆中泥土仍满满的，他把泥土取出烘干过秤，只比原来少了 100 克，于是他断定，柳树是吃水长大的。

赫尔蒙的结论对不对呢？当时许多人深信不疑，可后来有人怀疑，用化学分析发现柳树增加的物质中，有很大一部分是碳元素，而碳显然不是从水里来的，因为水是氢和氧的化合物。因而，有人设想，柳树增加的物质或许来自空气，因为空气中有二氧化碳，于是又把柳树种在温室里，当全部抽去二氧化碳时，柳树就停止生长，放入二氧化碳，柳树又长了，于是，就有人断定植物是吃二氧化碳长大的。

后来人们发现晒干（失去水）的植物仅有原先10%～20%的重量，再将晒干的用火烧后称，重量又少了很多，原来是烧成二氧化碳和氮气挥发了，只剩下少量的灰，仅占干物质重量的5.5%，经科学家化验，其中含磷、钾、钙、镁、硫和少量的硼、锰、铜、锌等。

1860年，诺普先生给植物配制了一种营养液，包括2克硝酸钙、0.5克硝酸钾、0.5克磷酸钾、0.5克硫酸镁、7千克水和几滴含铁的化合物，结果植物长得很好，照样开花结果，原来这些药品中含有植物生长必需的10种主要元素，花草树木就是吃这些物质长大的。这10种元素占植物干重的千分之几到百分之几十，而铜、锰、锌、硼、铜等占植物干重的千分之几到十万分之几。虽然植物对营养元素需求差别很大，但它们对植物生长发育都担负着不同的生理功能，各营养元素之间是不可互相替代的。

植物通过舒展的叶片吸收空气中的二氧化碳，通过伸展在土壤中的根系吸收水分，在阳光的

照射下，叶片中的叶绿素进行光合作用，用二氧化碳和水作为原料生产碳水化合物，再添加其他营养元素，合成蛋白质和脂肪等植物体的基本成分。

在人工栽培的环境条件下，多半需要不断给植物补充氮、磷、钾元素，这是主食。氮素占植物干重的 2%，构成蛋白质的主要成分，而蛋白质是构成植物细胞原生质的主要成分，又是控制植物新陈代谢的催化剂——酶和叶绿素、维生素、核酸等的主要组成部分。

氮的来源有：土壤中动植物和微生物残体的分解，土壤中固氮菌、根瘤菌同化空气中的氮，闪电形成氨态氮、硝态氮随雨水入土，施有机肥和氮素化肥。观叶植物的生长，尤其需要保证充足的氮素营养。

磷元素占植物体重的 0.5% 左右，它是组成细胞核的主要成分，供应磷可以促进开花结果，提高花卉的观赏价值和果实品质。

钾元素占植物干重的 1.5%，它能促进和增强植物茎干生长，从而提高植物的抗病、抗倒伏能力，酸性土常缺钾元素，需不断补充。

植物和人一样，不能吃得太饱，也不能饿得太久，给植物施肥必须薄肥勤施，正如清代陈淏子的《花镜》中所说："植物莫不以土为生，以肥为养，浇、灌之于花木，犹人之需饮食也，不可太饥、亦不可太饱，燥则润之、瘠则肥之，全赖治圃者，不时权衡之耳。"植物和人一样，张三李四胃口不同，比如月季胃口大，要多吃一点，兰花胃口小，得小心伺候，别胀伤了。《花镜》曰：

"但浇肥之法，草与木不同：草之行根浅而受土薄，随时皆有凋谢，逐月皆可浇肥，唯在轻重之间耳，木则不然，二月至十月（阳历 3～11 月）浇肥，各有宜忌。"

另外，植物也和人一样，不同生长发育期营养要求不同，比如菊花的苗期要让它少吃一点，以免叶子徒长，到了孕蕾开花前一两个月要施重肥。

人的一日三餐宜"好、多、少"，植物的生长季也有同样的要求。冬去春来开始萌动，提供给植物的营养成分要仔细搭配，到了生长发育的盛期，要让它们吃饱，入秋后要少施肥，避免秋发遭受冻害，进了寒冬，植物休眠了，它不想吃，你就别喂了，至于冬天翻土（或翻盆）添加有机肥那是为明年的生长打基础。

植物需要的是十多种营养元素，但它们不挑食，这些营养元素可以从各种有机物分解获得，也可以从许多无机物中获得。

植物也吃荤，除了捕虫草会生吞活咽昆虫外，动物体分解后都能成为植物的营养。

如果植物营养不良，会表现出病症。植物缺氮时，叶绿素形成减少，植物生长细弱、叶片小、叶色黄、苗期后老叶枯黄，乔木过早木质化，

变成“小老树”。植物缺磷时，须根变少，植株矮小，叶子常有红紫斑点，出叶迟、落叶早，开花延迟，果实小而味淡。植物缺钾时，老叶尖端和边缘变黄、渐枯萎，逐步向植株上部发展，直到大部分叶子枯黄。正如《花镜》中所说“地有高下、土有肥瘠、粪有不同，若无人力之滋培，各得其宜，安能使草木尽欣欣以向荣哉？”

（陈　新）

几种常用化肥

氮肥：硫酸铵，含氮 20%～21%，俗称肥田粉，白色结晶。

尿素：含氮 45%～46%，结晶状或粒状，是人工合成的第一个有机物，含氮高，用时量宜少，以免灼伤植物。

磷钾肥：磷酸二氢钾，含五氧化二磷 52%，一氧化二钾 34%，白色粉末，可用 0.1%～0.2% 喷叶背，有利开花结果。

氯化钾：含一氧化二钾 60%，酸性土常需补钾。

花草树木可根据不同种类、不同生长期的各自需要，合理选择以上化肥，按一定比例施用，宜薄肥勤施。

多面手芦荟

植物世界中，具有药用价值的品种何止万千，然而像芦荟这样能治疗多种疾病，兼有保健、美容、食用价值的植物却很少。

早在四千年前，人们就发现了芦荟的药用价值。1872 年，德国学者格奥尔哥·耶比鲁斯在埃及金字塔中的木乃伊膝盖旁发现了公元前 1550 年的医书《耶比鲁斯·巴比路斯》(*Ebers Papyrus*)，书中记录了芦荟的药用价值和制作木乃伊防腐剂的方法，说明在这以前数百年已开始用芦荟做药了。

到了中世纪，神父、传教士们在布道时带着芦荟同行，将它的效用传入欧洲。

12 世纪，芦荟载入德国药典，从而逐步在全世界得到宣传普及。

在中国，唐代诗人刘禹锡的《传信方》和唐代李珣的《海药本草》都介绍了芦荟的药效。公元973年，宋代的《开宝新详定本草》正式介绍和认可了芦荟的药用价值。明朝李时珍的《本草纲目》更是对芦荟作了详尽解说。

经长期研究证明，芦荟具有抗炎抑菌、增强免疫力；治疗感冒、哮喘、便秘、腹泻、肠胃病、寄生虫、肝脏病、肾炎、糖尿病、癌症、高血压、心脏病、低血压、脱发、白发和减肥、防衰老等多种防治功能。有趣的是，芦荟既可内服，又可外用；既可止泻，又可利泻；既可治高血压，又可治低血压；既可美容，又可食用健身。

芦荟为什么有那么多治病功能和奇效呢？对此，中外科学家做了大量分析研究。据美国得克萨斯大学W. Winters博士介绍，芦荟至少含有140多种成分，包括抗感染、刺激免疫细胞生长、愈合伤口等成分。因此，芦荟被称为“植物药厂”。经分析，芦荟中的多种植物酚具有利泻、抗炎杀菌、抗过敏、防止老人斑、黑色素生成等作用。剖开芦荟，那半透明黏糊糊的东西主要是多糖类和黏蛋白，将它涂在皮肤上，可使皮肤鲜柔，富有弹性和光泽，可治愈创伤、降血糖、抗癌、助消化、促进细胞活力、提高生育能力等。

芦荟中含有人体需要的多种维生素、多种矿物营养元素、19种氨基酸、酶、植物荷尔蒙等，有助于健身、提神、抗衰老。日本千叶大学的添田百枝博士发现芦荟中的阿莫米嗪，具有强烈抗菌、抑霉作用，能促进细胞新陈代谢，医治溃疡和提高免疫力、抗癌。芦荟的疗效很多，但要因人而异。

芦荟可以生食，将鲜叶洗净去刺，开水消毒后就可食用，也可将芦荟切片晒干泡茶或浸酒，还可将干片粉碎包入胶囊后服用。对容易腹泻、体弱病人或小孩可加水煎煮过滤后服用。

芦荟外用时，可将鲜叶洗净，开水杀菌、去皮后直接敷贴或涂抹，也可在芦荟汁中加小麦粉调成软膏抹在纱布上贴患处，还可将芦荟汁过滤后加柠檬汁、酒精制成化妆液或将芦荟加入乳液、油膏中涂抹，如用芦荟叶煮后加入水中沐浴，还可治皮肤病、神经痛、风湿、腰痛等。

芦荟属百合科，是多年生常绿肉质草本植物，种类达300多种，小的仅几厘米，大的可高达20多米，有叶肉厚实带刺的，有叶肉薄而无刺的，有花朵绚丽却不结籽的，也有叶片上带漂亮斑纹的，有苦的，也有不苦的。

（陈　新）

品尝芦荟

芦荟可以生食，只要把新鲜叶片割下洗净，去掉两边尖刺，用开水消毒后就能吃了。

为减少苦味，可将生叶切成薄片后拌蜂蜜、砂糖食用，也可拌糖醋生食，或与其他菜配起来炒了吃。即使不苦，有人还是吃不惯，这时可切片浸在酸奶或果汁中一起吃。吃剩的叶片，应当用保鲜袋包好放入冰箱保存。

国色天香的牡丹

牡丹花大色艳、姿美香浓、五彩缤纷、雍容华贵，号称“国色天香”、“花中之王”，我国人民视牡丹为和平、幸福、繁华、富足的象征。

牡丹是毛茛科落叶灌木，花大可达 30 厘米，花色有红、粉、黄、白、绿、紫、蓝等。花型有单瓣型、荷花型、菊花型、蔷薇型、托桂型、金环型、皇冠型、绣球型、千层台阁型等。品种多达 500 余种，这是历代精心培育的结果。

牡丹作观赏花卉的栽培，始于南北朝，隋代王应麟的《玉海》记载的牡丹有 10 余种，北宋周师厚的《洛阳牡丹记》列出 109 余种，明代薛凤翔撰的《亳州牡丹史》记述了 150 多个品种的形状、颜色，《亳州牡丹表》列举了 267 种，1911 年赵世学的《新增曹州牡丹谱》中记载了 240 种。公元 8 世纪牡丹传入日本，18 世纪传入美国，此后欧美等逐渐引种和杂交育种。如今，在美国牡丹已有 400 多种，法国、日本也有 200 多种。

牡丹与芍药相似，但芍药是多年生草本植物，牡丹是灌木，植株茎秆木质化。芍药的花期比牡丹迟一个月左右。另外，芍药较牡丹更易栽培。

牡丹不仅观赏价值甚高，其根皮还可入药，称“丹皮”，具清热、凉血、活血、散瘀、镇痛、镇静等功能，可治发热、盗汗、挫伤瘀血、咽喉炎、咳嗽、高血压、肾亏等，常用的成药有“六味地黄丸”“杞菊地黄丸”“咽炎片”等。牡丹根皮的药疗功能，主要是含有牡丹酚，对伤寒杆菌、大肠杆菌、溶血性链球菌、肺炎球菌等抗性较强，对白喉杆菌也有抑制作用。

牡丹为肉质根，宜栽在排水良好的沙壤土上，繁殖有播种、分株、嫁接、压条等法。

牡丹的民俗爱好也颇多风采，种牡丹、赏牡丹、唱牡丹、牡丹花会已成为各民族的民俗风情。如安徽巢湖朝拜牡丹神；甘肃“花儿会”

唱牡丹；洛阳、菏泽、北京、杭州、四川彭州市、安徽铜陵举办的牡丹花会和灯会。河南民歌《编花篮》唱道："编、编、编花篮，编个花篮上南山，南山开遍了红牡丹，朵朵花儿开得艳。"牡丹的绘画多润秀清雅、神态各异、生机勃勃，云南大理的木雕、福建惠安的石雕、宁夏的砖雕、江西景德镇的瓷雕，无不洋溢着牡丹芳华。牡丹图案的工艺品、生活用品遍及各地。

（陈　新）

瓶栽植物

在国外，一种能看到绿色植物生长全过程的瓶栽家庭园艺十分盛行，即把漂亮的花草、多肉植物及蕨类植物种在密封的玻璃瓶中，经过多年的栽培，不需浇水仍然常青，而且能透过玻璃瓶等器皿看到植物根部生长的种种奇观。

瓶栽植物是学习有关植物的科学知识及观赏植物的最佳方法，既简便又清洁，而且十分有趣。科学家们发现瓶栽植物成活的奥妙在于植物在光合作用、呼吸过程及水分的吸收与蒸腾能在一个密闭的瓶内保持自体循环，如根部吸收水分经过叶面气孔排出，蒸腾出来的水珠沿着瓶壁回到栽培介质中去，呼吸出来的二氧化碳作为植物进行光合作用的原料，植物本身在夜间还要进行呼吸，而光合作用排出的氧气正好被利用。因此瓶中一直是湿润的小气候环境，极适应喜湿性植物的生长。

另外，在玻璃器皿中还可制造无出水孔植物的生长环境。在一个量杯、量筒内底层铺上彩石、陶粒、砖粒、浮石等作为积水层，上面放进透水性良好的栽培轻介质，如种上文竹或经试管培育出的兰花、蟆叶海棠、花叶芋等，由于根部毛细管的作用，使根部深入砖粒、浮石间吸到水分，积水层实际起了小水库的作用，于是根的生长奇观一目了然。由于积水和栽培介质清洁，很少有病虫害侵袭，故而生长茁壮。喜湿性植物一经在瓶中密封，由于自体循环，所以长出的叶子都十分翠绿清洁。

瓶栽植物是从缸栽植物演变而来。英国维多利亚王朝时代，有人用考究的容器制成温室栽花。如今则用透明的玻璃或塑料制成各种容器栽花，此外还可用金鱼缸加盖或用玻璃杯、酒瓶做成“瓶景”“瓶园”。栽植的方法是在容器底部铺上一层清洁的碎瓦片或砂质壤土，上面再薄薄地铺上一层水苔后再放种植用土（可将珍珠岩或蛭石与山泥或泥炭混合使用）。根据观赏需要，将土堆成具有一定起伏的形状，将不同形状和色彩的观叶植物配

置种植，便成小小的“瓶园”，是一个名副其实的微型园艺。

瓶栽植物以种植蕨类植物最为合适，因为蕨类植物富有野趣，叶片也很秀逸，尤其一些叶片娇小的蕨类植物，植株十分小巧，如铁线蕨、凤尾蕨、江南星蕨、瓶尔小草等，都能在瓶中长得十分有趣，而且它们在瓶中生长一直处于水、肥、光、温等栽培因子合理的封闭环境中，无需用很烦琐的培养方法来养护管理，便能正常生长。在这种空气湿度大的瓶中，更有利于孢子的萌发，一株又一株，苍翠诱人，别具一格。

在家庭园艺布置中，瓶栽植物将随科学技术的进步而发展，前景会更好。

（邬志星）

绿色与心理健康

越来越多的研究表明，环境污染容易使人处于疲劳、萎靡不振的状态中。在室内，吸烟、烹饪产生一氧化碳、尘埃以及硫和氮的氧化物，建筑装潢材料中挥发出的甲醛等化学物质，在室外人群拥挤、街道上充满车辆废气和喧嚣噪音等，这些都容易使人感到头晕、昏昏欲睡、精神不振，而在户外绿地则可以避开这些有害的环境因素。在幽雅的绿地中，冬季晒晒太阳，夏季乘乘凉，呼吸新鲜的空气，可以使人体吐故纳新、阴阳协调。在绿色植物密集的森林、公园，空气中的污染物少，植物散发出的“负离子”浓度较高，可以促进胃肠消化、加强代谢、调节神经系统，被誉为大气中的“维生素”，也是人们的“健康之源”。

城市绿地的另一大优点是可以进行适当的户外运动，

如散步、慢跑等，有条件的绿地还带有羽毛球、篮球等便捷式运动场地。一些心理学家认为心理疲劳是由于抑郁、精神压力太大所致，可以通过一定方式的活动“发泄”心中的郁闷以舒解不良情绪。在感到精神不振时，不妨到附近的绿地里活动活动身体而让头脑休息，这样交替运动，不仅可以在不经意间使神经系统得到有益的休息和调整，还可以使身体得到很好的锻炼。在大型的绿地和公园，甚至在大自然的旷野、树丛、山坡、海滩等地，心理疲劳者还可以放开喉咙，尽情地大喊大叫，让心中的忧虑、苦闷、焦虑、抑郁随吼声飘散在大自然，也许会起到意想不到的效果。国外的研究结果表明，当人们眼中的绿视率达到 25% 时，就会心旷神怡，使眼睛消除疲劳。

绿地植物花朵、叶片的色彩及其搭配也是对人们心理疲劳调节的重要元素。颜色有增强情感的力量。红色、黄色、橙色和它们的复合色被归为暖色，可使感觉中的距离变短，让人易联想到火和热，常使人受到鼓舞，产生兴奋和活泼，暖色越多，这种影响力越大。相反，蓝色、紫色和绿色被称为冷色，可使感觉中的距离变远，容易使人想到水和遥远的时空。蓝色使人产生平静的情绪、遥远和坚定的感觉；紫色则可以使人产生脱俗之感；

◀ 遍植草木的公园

绿色是绿地的主体颜色，显示草木旺盛，是丰饶和充足的象征，还可以让人眼睛得到休息。色彩的不同组合同样给人带来不同的感觉。丰富的色彩比单纯的颜色更浓重，更生动逼真；互补的两种颜色组合显得对比更加强烈，如黄色和蓝色、红色和绿色等，使人感觉更加纯净和耀眼，适合困倦时起精神振作之用。

新型公路不仅两旁种植了高耸的林带和繁茂的花草用来减少空气污染和噪音，而且还在路面上实施了绿化。草场的路面上还要穿小孔，并在小孔里种上绿草，这样路面在绿草的保护下不会受到汽车碾压的影响，由于70% 的路面上长有绿草，大大减少了太阳光的反射。

（田　旗）

梅花与蜡梅

梅花，是一种顽强、富有高洁品格的花。它冰里孕蕾，雪里开花，冲破了早春花市的孤寂，给人们带来无限希望和生机。自古以来为世人所推崇，它与松竹并列，被誉为“岁寒三友”。“万花敢向雪中出，一树独先天下春”，“欲传春消息，不怕雪埋藏”，“傲干奇枝斗霜雪”，都是对梅花奋斗精神的绝妙写照。因梅花开在群芳之先的品格，故又有“花魁”之称。

我国特产梅花，为世界梅花分布和栽培的中心。1998 年，经国际栽培植物命名委员会批准，依托中国梅花（腊梅）协会，成立梅品种（梅花和梅）国际登录中心，突破了我国花卉国际登录零记录，陈俊愉教授荣任我国第一位花卉国际登录权威。

梅花栽培品种有 300 多个，按进化分为 3 系 5 类 18

型。即：真梅系、杏梅系、樱李梅系等 3 系；直枝类、垂枝类、龙游类、杏梅类、美人梅类等 5 类和江梅型、宫粉型、玉蝶型、朱砂型、绿萼型、洒金型、单粉垂枝型、白碧垂直型、骨红垂直型、玉蝶龙游型、送春梅型、丰后型等。

梅花是长寿树种。现有存活千年的杭州超山宋梅和昆明元梅。如今浙江天台国清寺还保留着一株隋梅，距今 1 400 多年，恐怕是世上最古老的梅了。

梅花神、姿、色、态、香俱属上乘，它的传神和写意为花中之最。历代咏梅、画梅、植梅蔚然成风，情系着中华儿女对梅花的热爱，对它气节品格、精神的推崇敬仰。

红梅最为人们熟悉，历史上还有一段宋朝著名女词人李清照与红梅的故事。据载，她自丈夫赵明诚死后，南逃避难，流落江南桃花坞，独居破茅屋内。某一年时近岁尾，大雪过后，李清照在红梅树下，摘了半篮红梅，用红梅瓣黏出了半联对子“独梅隆冬遗孀户”。桃花坞对面的杏花村，有一个丧妻的读书人，他见了这一上联，猜出了李清照的心思。待到二月杏花开时，他采了半篮的杏花，来到李清照门前，贴了一张红纸，涂上糨糊，用杏花瓣对出了下联：“杏林春暖第一家”。

北宋的林和靖结庐西湖孤山，植梅为妻，畜鹤作子，他的别致生涯，至今仍传为佳话。

历代骚人墨客，以梅花为题材，作诗绘画、编剧说唱甚多，尤其在南北朝有“以花闹天下”之说。乐府中有《梅花落》；民乐演奏《梅花三弄》；越剧有《二度梅》；评弹有《梅花梦》。诗词歌赋中咏梅之作更多，杜甫、白居易、王安石、苏东坡、陆游都有传世之作。毛泽东的《卜算子·咏梅》，陈毅的《冬夜杂咏·红梅》更是气势磅礴！

明朝龚自珍写过《病梅馆记》，托物喻人，以病梅比喻当时腐朽势力摧残压抑人才，大声疾呼“江浙之梅皆病”，决心“穷予生之光阴以疗梅”。

对梅花的欣赏有“四贵”之论：贵稀不贵繁；贵老不贵嫩；贵瘦不贵肥；贵含不贵开。

与梅花差不多同时开花，花香也相近的还有一种名为梅而不是梅的花卉——蜡梅。

宋代范成大所著《梅谱》记载：“蜡梅，本非梅类，以其与梅同时，而香又相适，色酷似蜜脾，故名蜡梅。”《群芳谱》中说：人言腊时开，故以腊名，非也。盖其色似黄蜡耳。因此有人称之为“蜡梅”。据考“腊”与“蜡”同义，两者均可通用，然旧时“黄梅”一名，今人则少用。

古时人们把腊梅名为“素儿”，其名来源于《宾朋宴语》：宋代诗人王直方的父亲家中有许多侍女，其中有一个叫素儿，姿容最美。有一次诗人晁无咎到他家来，王折了一枝腊梅赠晁，晁赋诗答谢曰：“去年不见腊梅开，准拟新枝恰恰来；芳菲意浅容颜淡，忆待素儿如此梅。”

古时的鄢陵、襄阳、荆州都盛产蜡梅，尤以鄢陵为最，因此，又有“鄢陵蜡梅冠天下”之誉。传说古时鄢国御花园里，国王最喜爱黄梅（现在也叫腊梅）。可是黄梅好看耐寒，却没有香气，使国王很感烦恼。他传下圣旨，要御花园里的花匠想办法使黄梅吐香。到下年冬天如黄梅还不吐香，他就要把这些花匠全都杀光。眼看冬天快到了，花匠个个心里都很着急。这天，花园门口来个姚姓叫花子，衣衫褴褛，又脏又臭，一手拿着几枝臭梅，一手拿着饭罐，硬要进御花园里去。看守不准他进去，他哈哈大笑说：“莫笑老姚身上脏，御花园里花不香……”看守要打他，被众花匠劝住了。众花匠还纷纷掏出钱给老姚叫他快走！老姚接过钱，然后把几枝臭梅送给大家，说：“谢谢你们好意，我没什么东西好报答，这几枝臭梅就留给你们吧！别看它臭，它跟你们御花园里的黄梅还有不解之缘哩！”尔后不知去向了。花匠中有个聪明人也姓姚：“既然老姚说黄梅与臭梅有不解之缘，咱就把臭梅接到黄梅树上试试吧！”过了一段时间，星星点点的黄梅花苞都绽开了，而且香气扑鼻。因花匠都姓姚，又因香黄梅是姚姓培育出来的，所以又有“姚家黄梅冠天下”之说。

蜡梅花朵密蕊黄瓣，花心、花蕊均成黄色，没有夹杂其他颜色的，为素心种。有磬口、荷花、素心、虎蹄、狗蝇、十月黄等种。“磬口蜡梅”，朵大瓣阔而圆，色深黄，形似白梅，颇为耐开，凋谢时仍半含如磬，心有蜡光而香最为浓烈，居各品之首。素心种，花瓣先端圆而略尖，黄色，盛开时，花瓣反卷。有的开后花心会渐泛红晕，有的瓣尖色淡花小，则略逊色。“狗蝇蜡梅”，花朵较瘦小，花瓣长而尖，中心小，花瓣紫色，花有微香。有一种叫“荤心蜡梅”，瓣尖突而内缘红褐；花小香淡，远比前者差矣；枝干杂乱，树姿欠美，但抗力特强。

梅花与蜡梅的相同之点：

都开花于冬春间，花期均较长；都在冬季落叶，且均先花后叶；花均有芳香，“香又相近”；梅花和蜡梅的病虫害都较少；均较耐粗放栽培，均系长寿树种；对风土的适应性都较强；都较易形成花芽，且有布置园林等多种用途；都是中华特产的传统名花。

梅花与蜡梅的主要差异和各自的特点：

第一，梅花属蔷薇科李属，花着生于一两年生或更老的长花枝、中花枝、短花枝、花束状枝或枝刺上，花多呈粉红、纯白、紫红或彩纹斑点等色，个别品种开淡黄花，如国内久已失传的“黄香梅”就是。蜡梅则属蜡梅科蜡梅属，花多单生，花色以蜡黄为主。梅花多单瓣、复瓣、重瓣或花心具台阁，一般仅具萼片 5 枚，大都呈绛紫或绿色；蜡梅则萼片很多，均呈花瓣状，色形俱似，花色逐步过渡。

第二，梅花一般结实性稍差，重瓣品种更是如何。蜡梅则结实性特强，重瓣素心品种易结实。

第三，梅花花期受气候影响甚大，各地花期差异显著。蜡梅花期受气候影响较小，通常多在 11 月下旬至次

◀ 蜡梅

年 3 月开花，因地区与品种而异。

第四，梅花花色品种繁多，蜡梅变种、品种均较少。

第五，梅花原产地区较广泛；蜡梅原产地集中于我国中部并以湖北、陕西为中心产区。

第六，梅花以暗香著称；蜡梅则以清香闻名。

第七，梅花为乔木，高 4～10 米，罕呈灌木状。蜡梅系灌木，枝干丛生，一般高 2～4 米而已。

第八，梅花比蜡梅寿命长。

第九，梅花小枝碧绿色，叶互生，边缘有细锐锯齿，具托叶；蜡梅小枝黄褐色，叶对生（罕三叶轮生），边全缘，托叶缺如。

（梅慧敏）

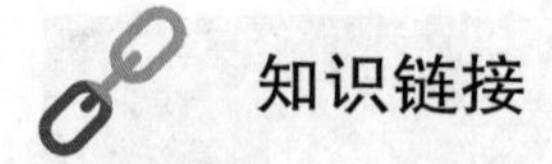

中国古梅

中国境内有一些历史悠久、较为人知的古梅，其中有代表的是楚梅、晋梅、隋梅、唐梅和宋梅，有“五大古梅”之说。楚梅：在湖北沙市章华寺内。据传为楚灵王所植。如此算起至今已历2 500余年，可称最古的古梅了。晋梅：在湖北黄梅江心寺内。据传为东晋名僧支遁和尚亲手所栽，距今已有1 600余年。冬末春初梅开两度，人称“二度梅”（还有一个说法，因整个花期历冬春两季而得二度梅的之名）。原木已枯，现存为近年后发的新枝。隋梅：在浙江天台山国清寺内。相传为佛教天台寺创始人智者大师的弟子灌顶法师所种，距今已有1 300多年，唐梅：现在有两棵古梅并称“唐梅”。一在浙江超山大明堂院内，相传种于唐朝开元年间。一在云南昆明黑水祠内，相传为唐开元元年（713年）道安和尚手植。宋梅：在浙江超山报慈寺。一般梅花都是五瓣，这株宋梅却是六瓣，甚是稀奇。

紫藤与凌霄

当人们进入花园中，棚架、假山和墙垣的攀援植物常常是最吸引人的景点，它们或是绿荫遮天，或是繁花似锦，或是硕果累累。其中，最常见到的又不太容易识别的却是一对姊妹花——紫藤与凌霄。这是因为它们有很多共同点：都是具有攀援习性的落叶木质藤本；叶片都由羽毛状排列的 7～11 或 13 枚小叶组成一枚大叶片，随风摇曳婀娜多姿；远看其果实都是豆荚，生性泼辣，病虫害少。但是，它们的亲缘关系却是太远了，不仅是不同种，而且是不同的科和属。

紫藤是藤本豆科紫藤属植物，别名藤萝、朱藤、木笔子，树性粗野，生长迅速，其茎能随附石岩，攀栏缠架，枝叶交接形成绿色天篷，上面悬挂着由淡紫色蝶形小花组成的一串串花序，犹如成群蝴蝶散发出馥郁芳香，

▲ 凌霄
▼ 凌霄

每年4～5月开花；果实为条形的豆荚果，9～10月成熟。唐代诗人李白诗云："紫藤挂云木，花蔓宜阳春。密叶隐歌鸟，香风流美人。"十分生动地描绘了紫藤优美的姿态。紫藤喜光略耐阴，喜湿润、肥沃土壤，要求避风向阳，但也有一定耐瘠薄水湿能力，适应土壤酸碱性的能力较强，是长寿树种。如上海市闵行区与金山区均有450年以上的古树，据记载，闵行区"紫藤棚镇上一棵紫藤，系明朝正德、嘉靖年间，文人董其昌所手植"，该镇因此株有470多年历史的古紫藤而命名。四川省新都区有一株树龄数百年的紫藤成了当地桂湖一景，命名为"迎客藤"。江苏省苏州市拙政园内有一两人合抱的紫藤树，系明代文徵明手植。另据报道，美国加利福尼亚州的一株紫藤，枝蔓长达152米，遮阴面积达4 000多平方米，春季开花达150万朵，浓荫下可容数百人活动。紫藤不仅是优良的园林观赏植物；树皮纤维可编织家具、器皿，种子炒熟后，研末洒入酒中可防变质，花朵用水洗净和入面粉做“藤萝饼”，用白糖浸渍也十分可口，为北京特产，也可浸泡、挤干、晾晒后凉拌、炒菜；其嫩叶可作饲料；茎皮、花、种子均可入药，有活血、消肿功效，主治胃痛、跌打损伤、疝气、风湿等，种子有滋补、镇咳功能，但内含氰化物，有毒，故用量不宜过大。

▲ 紫藤

凌霄紫葳科凌霄属。别名紫葳、傍墙花，古籍中又叫陵苕，《诗经》中已有“苕之华”的诗句，从中可知凌霄是自古以来就为我国人民熟悉的观赏植物。凌霄原野生于山谷河边，疏林坡地，其藤性坚韧，生长健壮，借茎上气根依附南向树干、石岩，势冲云霄，故李时珍云：“附木而上，高达数丈，故曰‘凌霄’。”凌霄的攀援习性则成为文人骚客借物寓志和借喻诲人的题材。如唐代诗人白居易的诗：“有木名凌霄，……托根附树身，开花寄树梢。自谓得其势，无因有动摇。……寄言立身者，勿学柔弱苗。”是喻人自立。也有人说它雄心勃勃的凌云志，富有奋发向上精神。郭沫若说：“人们叫我们是凌霄，有点夸大，我们是蟠着大树的南枝往上爬。写成‘陵苕’看来是好一点，凌霄的不是我们，是我们的东家。”(《凌霄花》) 凌霄与紫藤虽同为落叶木质藤本，但凌霄体形不大；两者叶片虽均为奇数羽状复叶的小叶组成，但凌霄叶缘有整齐锯齿。且凌霄开花不在春天而是在园林植物开花很少的7～9月夏秋季，花大，呈漏斗状钟形，初为火黄橙色，后转红色，十余朵生在顶端，碧叶绛花，纤蔓枝柔，红英灼灼。它的果实虽似豆荚，但为扁长条形，坚硬，10月成熟，成为有别于紫藤的另一种景色。凌霄喜阳光，温暖，湿润，适于栽于排水良好肥沃疏松的土壤中。可用于棚架、花门、假山、墙垣，也可盆栽；它的花和根有凉血功能，叶可治喉痹热痛、风痒、关节炎等症。但据古书记载，凌霄花不香，久闻伤脑，花粉有毒，侵入眼中，会引起红肿。

（严玲璋）

奇怪的黄雨

1976年秋，在唐山大地震后一月余，江苏北部的如皋、靖江、海安、泰兴、东台以及长江以南的沙河市等地相继出现奇怪的蜡状黄色的雨点——“黄雨”。当地人民议论纷纷，或传为是地震的先兆，居民离家出走，田野到处见有简陋棚屋；或认为是敌人空投的毒物，当地居民不敢饮水……众说纷纭，人心动荡，社会不宁。

南京地质大队得知消息后，立即奔赴现场，了解情况、采集样品，南京大学地质系对采集的“黄雨”样本进行分析鉴定，结果认为：“黄雨”主要由现代植物的花粉组成，并伴有少量藻、菌植物体。为了揭开“黄雨”成因的秘密，得见庐山真面目，南京大学地质系专家组来到现场，进行详尽的调查研究，结合室内分析结果，提出了“黄雨”的蜜蜂粪便说，这种对“黄雨”成因的认识达到了国际领先水平。

据调查，“黄雨”的降落有时间集中、分布空间狭小的特点。例如海安、靖江等地“黄雨”降落时间在当年的8月30日到9月22日之间，“黄雨”降落时呈液状或糊状，细而长，常呈一节节的，直接降落在植物的叶子、屋顶或田地上。降落在地面上，呈半瓣黄豆状，淡黄色或褐黄色，大小一般为2～5×3～6平方毫米；若降落在斜面上，则呈蠕虫状，可看到由高往低流动的痕迹。黏结不紧，用手捻之，即成粉状。“黄雨”降落时间很短，一般持续数分钟至十几分钟，且空间分布局限，仅几亩到上百亩。“黄雨”滴落地表的密度也很小，每平方米几个到十几个，个别地方达160余个。从气象资料来看，降落“黄雨”时的天气无明显异常，一般为多云到少云，时间以中午和下午居多。

苏北“黄雨”样本经显微镜镜检和统计，其中榆属花粉占83%，禾本科花粉占11.8%，菊科花粉占3%，其他藜科、菊科蒿属、龙胆科荇菜属花粉各占0.4%，伞形科、唇形科、八角枫科、含羞草科及未鉴定的三孔沟花粉各占2%，此外，还有少量的藻、菌植物体。

从“黄雨”样本的分析结果可以看出，花粉种类比较单一，其中榆属花粉占绝对优势，草本植物花粉含量不多，以禾本科为主，其次为菊科花粉，未见到裸子植物花粉和蕨类植物孢子。基于上述特点，查阅榆科的有关文献，指出榆属为北半球分布很广的木本植物，国产有10种，苏北地区习见分布仅2种，它们是白榆和榔榆，两者在我国分布都很广，但开花期是不同的，白榆于早春先叶后花，而榔榆则在秋季开花。苏北“黄雨”中发现的榆树花粉究竟是哪一种呢？这是一个必须弄清的问题，对照白榆、榔榆原植物的花粉制片，发现不论花粉大小、外壁纹饰和萌发孔的形态特征，都与榔榆花粉完全一致，肯定是榔榆的花粉。因此，可以推测在“黄雨”分布范围内或其邻近地区一定有正在开花的榔榆林存在。另外，“黄雨”样本中还含有禾本科、菊科等多种植物花粉，这些花粉大体上反映了当地秋季开花植物的种类。为此，可以肯定认为：“黄雨”的物质组成来自当地开花植物的花粉。

“黄雨”组成的谜底揭开了，但这些花粉又怎么变成从天而降的“黄雨”呢？

原来，榔榆、禾本科、菊科等花粉都是秋季重要的蜜、粉源植物，为蜜蜂所喜食，但花粉粒都具有2层细胞壁，其中外壁质地坚固、耐高温、耐酸碱，很少为蜜蜂的消化道和消化液所破坏。更有意义的是在“黄雨”样本中还发现少量衣藻属等水生藻类及水生植物——荇菜的花粉，这些藻类及荇菜花粉都是蜜蜂在水边取水时进入体内，其中一部分混入排泄物内。

研究证明，“黄雨”的形成与蜜蜂的活动有关，是蜜蜂飞翔时排泄的粪便。

为了进一步证实“黄雨”的蜜蜂粪便说，将“黄雨”样本和蜜蜂的粪便及采粉蜂“花粉篮”中的花粉团进行对比观察，发现花粉团中有99%以上的花粉是完整的，而“黄雨”样本中的花粉有12.6%遭到不同程度的机械破损，蜜蜂粪便中的花粉也有12.1%遭到机械破损。另外，“黄雨”和蜜蜂粪便颗粒的坚实度、清洁度等都很相似，而和花粉团显然不同，因此，“黄雨”蜜蜂粪便说是肯定无疑的。

“黄雨”之谜终于真相大白，但有关“黄雨”的故事还没有讲完。无独有偶，1982年，东南亚各国相继发现“黄雨”。关于“黄雨”的成因引起美国等学术界的关注，通过多年的争论，直到20世纪80年代后期，“黄雨”蜜蜂粪便说获胜，争论才告结束。

（冯志坚）

指示植物与探矿

北美洲有个气味山谷，当地的印第安人把它叫作“有去无回”山谷。这里风和日暖，土壤肥沃，草木繁盛，可是到这里定居的人们，不出数年都会死亡，甚至误入其间的野兽，也会很快死去。后来欧洲移民来到这里，他们翻耕土地，播种庄稼，作物获得丰收。但好景不长，一只“无形的魔掌”偷偷地向他们伸来，有人眼睛瞎了，有人毛发脱落了……人们相继死去，于是，气味山谷又恢复到原来的宁静。

第二次世界大战以后，山谷里来了一批地质人员，通过调查研究发现，这里的地层和土壤中含有大量的硒（Se），同时缺乏硫。这里的植物为了维持正常的生长，就从土壤中吸收与硫性质接近的硒，以补偿土壤中硫的不足，这样一来这里的植物体内便含有高浓度的硒，当人们或动物直接或间接地食用这些植物后，植物中的硒就在生物体内积累起来，造成人和动物机体遭受毒害，以致死亡。真相大白后，人们利用植物能积累硒的特点，大量种植豆科紫云英属植物，在收割、晒干、烧成灰后，从中提取硒，每公顷可获得 2.5 千克硒，从而彻底改变了这个山谷的坏名声。

根据上述故事的启示，人们对植物所表现出的这类特性，以及植物与环境之间的密切关系进行深入探索，从而形成一门新的研究领域——指示植物学。

指示植物学是一门涉及面很广的学科，它的研究对象是指示植物。所谓指示植物，是指在一定自然地区范围内，能指示环境或其中某一因子特性的植物种、属或群落。例如，石松是酸性土壤的指示植物，仙人掌是土壤和气候干旱的指示植物，马尾松、映山红、铁芒萁群落是我国南方红壤的指示群落，等等。

指示植物学在地质学方面被广泛地应用着。

1952 年，我国的地质工作者在安徽某铜矿进行勘查时，发现海州香薷是一种铜矿指示植物。消息传开后，江苏、湖北、安徽等地在一些已知的铜、铁矿床上对它进行了广泛调查和分析，发现有海州香薷生长的土壤中，铜的含量高达 1 000～2 000 毫克 / 千克，从而确认海州香薷是有效的铜矿指示植物，被用作铜矿普查的标志之一。随着人们对铜矿指示植物的不断探索，发现除海州香薷外，石竹科、蓼科、唇形科、杜鹃花科、鸭跖草科等部分植物也是铜矿的指示植物。

1980年，中国科学院植物研究所在辽宁红透山铜矿发现，在含铜量500毫克/千克以上的土壤上，常有细梗石头花成丛地生长，而在含铜量低于150毫克/千克的地段上，未见该植物生长。分析结果表明，细梗石头花地上部分的含铜量和土壤中的含铜量相关性十分显著，确认细梗石头花对含铜量高的土壤有指示作用。

同样，中国科学院植物研究所在辽宁青城子铅锌矿区调查发现，酸模叶蓼、苔草和胡枝子生长繁盛，形成群落，而在其他地方生长稀疏或不易见到，确认它们是铅锌矿的指示植物。在国外，人们同样发现有些植物对矿藏有一定的指示作用，例如，在生长林堇菜和芦叶堇菜的地方可能有锌矿，生长针茅的地方可能有镍矿，生长喇叭茶的地方可能有铀矿。在氮和磷很丰富的地方荨麻生长特别旺盛。

科学工作者还发现，植物不仅能反映土壤中矿物质的含量，还能把从土壤中吸收的矿物微粒排放到大气中去。据估计，植物每年以这种方式排放到空气中的各种矿物质超过10亿吨。科学研究证实，植物主要是通过水分蒸发把各种元素带到大气中去的，特别是氯、钠、钾、锂等元素。为此，在无风的天气，人们通过测定空气的成分。就可以确定某些矿藏的地点，例如，在铜矿的上空，空气中铜的成分比其他任何地方都要高。

现代植物能指示矿藏的存在，同样，也能通过植物化石存在的多寡来寻找煤和石油矿藏。例如，据研究，我国主要成煤期有石炭纪、二叠纪、侏罗纪、白垩纪和第三纪。生长在石炭纪、二叠纪的植物有鳞木、封印木、楔叶木、芦木等高大木质蕨类植物；生长在侏罗纪和白垩纪年代的有银杏、苏铁、松柏等裸子植物；生长在第三纪的有松柏和被子植物。有人发现华南中生代有两个主要成煤期，一是晚三叠世，二是早侏罗世。在晚三叠世地层中发现苏铁及真蕨很丰富，这时期主要造煤植物是苏铁，而真蕨多为草本，植物体转化成煤质的不多，因此，我们可以把苏铁视为我国南方晚三叠世的“指煤植物”。同样，我们可以把银杏视为早侏罗世的“指煤植物”。关于石油矿藏的勘探，主要依据孢粉的颜色、种类及其组合来进行，这又是一门新兴的学科。

（冯志坚）

自然界中的神秘植物

读过《三国演义》的朋友不会忘记第七十五回“关云长刮骨疗毒（吕子明白衣渡江）”中的一段故事。当时蜀将关云长被曹仁部弩箭所伤，因箭头有毒，毒已入骨。正在生命危急的时刻，恰有一自称华佗的人特来医治。当整个刮骨去毒的治疗过程在关云长饮酒下棋之间完成时，他大笑而起，对众将说：“此臂伸舒如故，并无痛矣，先生真神医也！”

故事中的华佗（约141～208年）是三国时期著名的医学家。他一生中不仅发明了麻沸散，即古代麻醉药，用于外科手术的麻醉；还创造了五禽戏，与现代的保健操相似。据推测，华佗在给关云长动手术前，可能让他服了麻沸散，使手术得以顺利进行。

麻沸散的主要成分是什么？后人经多方考察，推测可能是由一种叫曼陀罗的草药配制而成的。

曼陀罗是一种茄科植物。明代著名医学家李时珍（1518～1593 年）在《本草纲目》中写道："八月采此花，七月采火麻子花，阴干后等分磨细，热酒调服三钱，不久便会昏昏欲睡。割疮针灸，若先喝一点，便不觉痛。"可见，我国医学家很早就能正确地认识和运用曼陀罗。

类似曼陀罗具有麻醉、镇痛作用的植物很多，但由于这类植物在发生药效的时候，往往会使人产生一种特殊的幻觉，所以有人称这类植物为"神秘植物"。

几个世纪以前，人们对这类植物认识还不够深入，留下许多关于这些植物"神秘"药性的记载，并将其广泛应用于巫术中，宣扬这些具有"神力"的植物。

希腊人卡罗斯记录下他擦曼陀药膏后产生幻觉的情形："我感到自己在空中漫游、看到圣约翰坐在我下面……还看到身下黑黝黝的群山，上面是漆黑的天空，云儿从我身边飘过，我的速度快极了。"

在欧洲和印度，有一种叫曼陀茄的茄科植物，由于其具有与曼陀罗相似的致幻、镇痛作用，加上曼陀茄常生有类似我国东北人参那样分叉的根，更加神秘。

曼陀茄，又称茄参，具有分叉状、类似人腿一样的根，在中世纪的欧洲常被描述成小小的人形，这种描绘为巫医们宣扬这类植物超自然的特性加强了渲染力和神秘性。由此，曼陀茄常被看作是一种万灵药。有关曼陀茄的传说很多。相传，曼陀茄是发现女神（希腊神话中的智慧之神）赠给公元一世纪希腊第一位本草学者第奥斯考依德斯的礼物。几乎没有植物能像曼陀茄一样，人们除对其治疗和镇痛的功效有记述外，还对其复杂的植物形态加以详细描述。有人还将曼陀茄种入人形模具内，或采回根后进行雕刻加工，以增加其根的人形效果。甚至还有在其根上添画眼、口、鼻等，使其有雌雄根之分。这种人为的加工无疑增强了曼陀茄作为一种万灵药的声誉。

有一种美洲产的仙人掌科植物叫乌羽玉。千百年来美洲的印第安人就是靠服用这种植物来寻求宗教上的心醉神迷，印第安人广泛地在宗教仪式上和静坐冥想中使用它。人服用这种植物的干粉后，会产生一种愉快的、升华的感觉。自从英国小说家奥尔都斯·赫克斯利在《感性认识的途径》一书中描述了服用后的感觉之后，许多艺术家和小说家都迷上了这种植物，因此，这种植物的干粉被冠以“知识分子麻醉品”的美称。在我国广州华南植物园内，也栽种有这种植物。

有一次在广州，几位研究植物的专家在谈论蔬菜口感的时候，当谈到有些人对番茄的味道感到极不舒服时，华南植物园一位园林工人听到后，告诉大家，好像有一种植物的果实能让人在吃酸的番茄时感到甜。在这位园林工人的指引下，众人在园中寻到一棵树，采到了一粒莲子大小的红色果子，几个人分着先嚼一点果子，然后吃番茄，不仅不觉酸，甚至吃青的番茄也是甜的。原来这是一种 20 世纪 60 年代才从西非森林发现的山榄科植物，人们把它命名为神秘果。为什么神秘果能改变人的味觉呢？原来它里面含有“糖朊”这种活性物质，吃了能关闭舌部主管酸、涩、苦味的味觉，开放主管甜味的舌部味蕾，故能暂时引起味觉的变化。神秘果在我国广东、云南已有栽培。

和神秘果的“糖朊”一样，乌羽玉致幻作用主要是因为其含有仙人球毒碱，而曼陀罗和曼陀茄则是含有一种被称作莨菪碱的生物碱，这种生物碱具有麻醉和镇静作用。

这些植物，在没弄清其成分以前，总被认为是相当神秘的，是有神力的。在世界各地，很早便由江湖术士将其提炼制成蒙汗药、迷魂药和迷魂汤之类的麻醉药品。我国从华佗开始，将其正确运用于医药麻醉至今，已有1 800多年的历史。随着科学的发展，许多在过去被认为是神秘莫测的植物已被摘掉神秘的面纱，被越来越广泛地应用于医药、饮食业。

（冯志坚）

叶序与数列

在一棵植物上，叶将茎分成一个个部分，叶的着生点为节，两相邻节之间的部位称节间。叶在枝条上着生通常有两种方式，一是对生或轮生，即在枝条的同节生有二至多片叶；二是互生，在枝条的节上，仅有一片叶片着生。

当一个节上有两片叶的时候，它们是相对着生的，两叶之间相距为半圆，即 180°，若为 3 叶轮生，两叶之间的距离为 1/3 圆周，即 120° 夹角。这种在同一平面上着生叶的情况，两叶之间的距离称水平间距，可用简单的分数表示为 1/2、1/3 圆周。

按叶发育的先后，对生或轮生叶一轮一轮延续下去，最后形成一个螺旋。2 叶对生的，两相邻节上的旋转角为 90°，即 1/4 圆周；3 叶轮生旋转角为 60°，即 1/6 圆周。

这样，2叶对生的植物，叶在茎上排列呈4条平行直线，3叶轮生植物，叶在茎上呈6条平行直线。除分节外，生叶枝条还可以分层，每层叶的着生位置和分布相同，只是越靠近顶端的部分，表示于图上的直径越小。如2叶对生的植物，每层含2节，即顶面观由十字交叉的4片叶组成，如槭树、接骨木、龙胆等植物；3叶轮生植物，每层含2节，即顶面观为6片叶组成，如欧洲夹竹桃。

▲ 夹竹桃轮生叶之一
▼ 夹竹桃轮生叶之二

叶互生的植物，其相邻两叶不仅在水平方向改变位置，也在垂直方向上改变位置，相邻两叶不会出现在同一平面上，相当于轮生叶的每一轮叶片呈一螺旋，绕茎一周延伸。互生叶的分布位置和数目在每一层内重复，最常见的是下面几种：

一、每层仅两片叶子绕茎一周，这两片叶在垂直和水平方向被相邻一层所替代，其水平间距为半圆，即180°，一条从下面较老叶到上面较嫩叶在茎上着生点之间的连线、呈螺旋着生形式；每一层的连线就是“基础螺旋”。这种情况，每层绕茎旋转一周，靠近顶端排列的第二、三、四层第一片叶正好位于第一层第一片叶的上方，形成一条直线；同样第二片叶也是如此，形成相对的另一条直线。两条直线相对，将茎分成两个半圆。叶的这种排列方式在榆属、椴属植物中较常见，称之为 1/2 叶序。

二、每层 3 片叶片，每一叶片在一个相对稳定的高度，一片在下面，一片中间，一片居上，在水平上两叶相距 1/3 圆周，相邻的上面一层也是如此，第二层下面的一片叶正好在第一层下面一片叶上，同样，中间和上面一片叶也正好在第一层中间和上面一片叶之上。其他层也是这样排列的。这样，叶在茎上呈 3 条线排列，每 2 条线之间为 1/3 圆周，这种排列方式在桤木、欧洲榛子或山毛榉类植物中较常见，称作 1/3 叶序。

▲ 榆树互生叶
▼ 女贞对生叶

三、每 2 周 5 片叶子构成一层，按生长发育时间先后，依次编为第一、二、三、四、五枚叶片，最低的是最老的，最高的是最嫩的，这 5 片叶在水平方向上相互之

间的距离为 2/5 个圆，连续 5 片叶形成的螺旋绕茎 2 周，即“基础螺旋”，如一段具叶茎的叶是按这种方式排列为二至数层，那么相同编号的叶沿一条直线排列，所有层的第一片（最低的）叶相互成一列，第二、三等也相同。这样，叶在茎上排列成 5 条线，两相邻线之间为 1/5 圆。这种排列方式在橡树和许多鼠李属植物中较常见，被称为 2/5 叶序。

四、每 3 周 8 片叶子构成一层，相邻叶水平距离为 3/8 圆，每层 8 片连续叶绕茎 3 周。如此一段含几层叶的枝，叶在茎上呈 8 条线排列，两相邻线之间为 1/8 圆。这种叶序在玫瑰、树莓、梨和小蘖属植物中较常见，为 3/8 叶序。

上面这些是最常见的植物数列情况。我们在扁桃和绣线菊的枝上可以看到，每层含 13 片叶，一个“基础螺旋”，绕茎 5 周，叶在植株上排列成 13 列，两相邻叶水平间距为 5/13 圆周，即 138°。

偶尔可以见到每层有 21 片叶，绕茎 8 周；每层有 34 片叶，绕茎 13 周的情况，其两相邻叶的水平间距分别是 8/21 和 13/34 圆周，同号叶相叠有 21 条和 34 条直线。

现在，我们将上面这些数字列在一起，便可发现这样一个数字序列：1/2、1/3、2/5、3/8、5/13、8/21，以及 13/34……当然，在极少数的情况下还可以观察到这样的序列：1/4、1/5、2/9、3/14、5/23……或 1/3、1/4、2/7、3/11、5/18……令人吃惊的是，这些序列中每个分数的分子、分母分别是其前面两个分数分子之和与分母之和。这些数字序列可以通过下面的数字模式反映出来：

$$\frac{1}{X+\frac{1}{1+\frac{1}{1\cdots\cdots}}}$$

在此，X 为一正整数。如果 X = 1，则这个分数序列便可记作：1/2、2/3、3/5、5/8、8/13、13/21……；如果 X = 2，这个序列便是 1/2、1/3、2/5、3/8、5/13，以及 8/21……；如果 X = 3，这个序列便是 1/3、1/4、2/7、3/11、5/18、8/29……。叶序中最常见的是 X = 2，即 1/2、1/3、2/5、3/8、5/13，以及 8/21……这种叶序排列。

植物界包含许许多多类似的数学问题，我们可以通过对叶序几何排列的观察获得一定的启示。这种自然的几何排列是如此引人注目，说明在植物界的其他方面，也存在着不少类似的趣味问题，等待着我们更深入的发掘、探讨。

（冯志坚）

植物形态与数学

我们已经知道，植物的叶片在枝条上的排列，最常见的排列序数是：1/2、1/3、2/5、3/8、5/13、8/21……

其实，早在1202年，27岁的菲博纳斯在他介绍阿拉伯数字进入欧洲的一本具有划时代意义的《算术》中，有一小部分内容已经提到一些有关生物数字的奥妙。从那时起，生物与数学之间的关系就吸引了许多研究生命现象的数学家或科学工作者。菲博纳斯写道：有人曾将一对兔子放在一限定区域内圈养，发现一年后有许多对兔子生下来。假如每对兔子每月新生一对小兔，小兔子出生两个月后又可繁殖。菲博纳斯在月底记录兔子时，得出了这样一个有趣的数字序列：2、3、5、8、13、21、34、55、89、144、233、377、610等等。其中后面每个数字是前面两个数字之和。有趣的是，这类数字贯穿于整个生物界中。

大家可能都知道，松树的针叶有 2 针一束，3 针一束，5 针一束，没有见到 4 针一束或 6 针一束的松叶。

许多菊科植物，它们的果实呈螺旋状排列，通常每个螺旋曲线有 34 或 55 粒瘦果。小的菊科植物，每个螺旋有 21 或 34 粒瘦果，大的如苏联报道的每个螺旋线有 89 或 144 粒瘦果。

向日葵的种子在花盘上是沿着特有的对数螺旋曲线排列的。在极坐标中，对数螺旋曲线可用 $P = a\varphi$ 类型的方程表示，式中的 a 为任意正数。有趣的是，当 $a<1$ 时，螺旋线将绕中心反时针方向旋转，当 $a>1$ 时，螺旋线则为顺时针方向旋转。据测定，在花盘上种子按这种方式排列，密度大，数量多，因而结实率高，以利其繁衍后代。

古希腊数学家们很早就注意到类似现象，即植物某一部位的形态与某些曲线的形状相似，对于这些曲线与植物之间相似性的确认，却是 17 世纪法国著名数学家笛卡儿在《几何学》(1637 年) 一书中创立了坐标法之后，使得研究某些曲线的兴趣又活跃起来。

笛卡儿发现植物花瓣的形状是一种较规则的曲线状态，大家知道，茉莉花以其浓郁的芳香而成为重要的观赏和茶用花卉。笛卡儿用坐标法研究了茉莉花的形状，得到方程式 $X^3 + Y^3 = 3aXY$。在极坐标中，这个方程是一个封闭的曲线，能准确表示茉莉花花瓣的外形。在当时的文献中，“茉莉花花瓣”的名字经常为其他数学家所引用，而在现代数学中则被称为“笛卡儿曲线”。

在研究花的曲线时，意大利几何学家格兰迪运用方程研究了蔷薇科和菊科植物的花。他认为，在极坐标中，这些花均可用方程 $P = a\sin k\varphi$ 来表示。式中，a 决定花瓣的大小，k 决定花瓣的数目。如果给出不同的 k 值，我们就可以得到一定花瓣数目的花，如果 k 的值不同时，花瓣的数目不同。格兰迪的这项出色工作，使他在当时的数学界获得了“蔷薇花”的雅号。

到了 19 世纪，德国数学家勒·哈柏尼赫在其《叶形分析》（1896 年）一书中，得到了能够表示三叶酸、酸模、常春藤、槭树和柳树等植物叶片的方程。特别是对白花酢浆草，哈柏尼赫用方程 $P = 4(1 + \cos 3\varphi + \sin^2 3\varphi)$ 表示出来。在极坐标中，根据此方程画出了酢浆草叶片的形状。

另一位数学家缪格尔完成了表示水生观赏植物睡莲的数学方程，即：

$$(x^2 + y^2) - 2ax^3(x^2 + y^2) + (d^2 - r^2)x = 0$$

在极坐标中，这个方程是个椭圆，被称为“缪格尔椭圆”。其画法是：在坐标横轴（x）上取圆心并作圆，使坐标原点 O 在圆外。然后使圆上的每一点 P 均按下列方式变换为点 P_1：点 P 与坐标原点 O 连线（为 OP），并从点 P 向 x 轴作射线 OP 的垂线（交于点 P_1）。你试着按此法画一幅缪格尔椭圆，会惊叹它是多么酷似睡莲的叶片啊！

揭示植物与数学间的这些关系，不仅提高了我们对植物和数学的兴趣，而且在现代技术的发展中也起到了不少作用。据说在很久以前，就有一个工匠受王莲叶“骨架”结构的启示，设计出一座结构轻巧、宽敞明亮、跨度大，但支柱少的宫殿。现在，上海体育馆、巴黎工业展览馆也是受植物弧形叶脉启发设计而成的。禾本科植物的叶片失水会卷成筒形，于是人们受其启发设计出简易牢固的筒形叶桥。

随着人类对植物各种数理奥秘探究的深入，新的问题将不断被发现，并引发人们许多的思考。

（冯志坚）

未来最安全果品——有机果品

从前，在美国中部有一个城镇，这里的一切生物看来与其周围环境生活得很和谐。这个城镇坐落在农场中央，周围是庄稼地，小山下果园成林。春天，繁花点缀在绿色的原野上；秋天，果实、橡树和枫树闪烁出彩色的光辉。狐狸在小山上叫着，小鹿静悄悄地穿过笼罩着晨雾的原野，林间荡漾着鸫鸟、斑鸠、鹪鹩的合唱以及其他鸟鸣的音浪。直到有一天，大批居民涌到这里建房舍、挖井筑仓，情况开始发生了变化。从那时起一个奇怪的阴影遮盖了这个地区：成群的小鸡和牛羊莫名其妙地死亡，人群中出现一些奇怪的不可解释的疾病，田野里见不到小鸟的踪影，曾经一度多么引人注目的小路两旁，现在排列着仿佛火灾浩劫的焦黄枯萎的植物，一切声音都没有了，只有一片寂静覆盖着田野、树林和沼地。

以上是莱切尔·卡逊在《寂静的春天》里的描述，那个狰狞、使得许多城镇的春天沉寂下来的东西是什么呢？不是魔鬼，也不是敌人的活动使然，而是以杀虫剂为主的化学农药。因为化学农药的大量不合理使用不仅杀死了害虫也杀死了其他生物，以至于影响到人类自身的健康。如果说莱切尔·卡逊在《寂静的春天》里描述了一个“明天的寓言”，那么今天人们正遭受着自己创造的魔鬼的折磨。在人类进入 21 世纪之初，食品安全问题就被强烈地提了出来，为了向污染食品宣战，人们在追寻生态食品和建立可持续发展农业的过程中逐步形成了生态农业、生物农业、有机农业等农业发展新观念、新模式，其中有机果品所依赖的有机农业是其中重要的一类。

有机农业的概念起始于 20 世纪 20～30 年代，最先由德国人和瑞士人提出，当初提出这一概念仅仅是从健康的角度，强调在相对封闭的系统内循环使用养分来培育土壤肥力和生命活力，使作物健康生长，以生产出健康的食品。随着历史的发展，新的知识、新的技术层出不穷，工业化程度不断提高，大量出现的农用化学品带来了环境问题和环境污染，使这一概念不断发展，除了健康以外有了可持续发展的新内涵，强调要采用保持土壤永久肥力的技术，尽可能使用可再生资源，不污染环境，促进土壤和整个食物链的生命活力，要求人与自然和谐相处，农业生产要遵循自然规律。基于以上理念，有机农业要求在植物和动物的生产过程中不使用化学合成的农药、化肥、生长调节剂、食物添加剂等物质，不使用离子辐射技术，也不使用基因工程技术及其产物，而是采取一系列可持续发展的农业生产技术，协调种植业和养殖业的平衡，这些技术包括选用抗性作物品种，建立包括豆科植物在内的作物轮作体系、秸秆还田、施用绿肥和动物粪便等措施培肥土壤保持养分循环，采取生物的或物理的措施防治病虫草害，采用合理的耕作措施保护环境，防止水土流失，保持生产体系及周围环境的生物多样性等。实现环境、经济、社会三效益相统一是有机农业的发展目标。

随着经济社会的发展和人们生活水平的提高，果品占人们的日常食品消费的比例将越来越大，水果已经成为许多家庭餐桌上不可缺少的一部分，所以说果品安全与人们的生活休戚相关。目前我国推广的安全果品有三种：无公害食品、绿色食品和有机食品。前两种是为了适应我国消费者对安全食品的基本需求而发展起来的，是我国特有的。而有机食品则由发达国家首先兴起，近年来开始在我国迅速发展。从质和量来讲，如果把安全食品看作一个金字塔，那么有机食品就是金字塔的塔尖，无公害食品是金字塔的塔基，绿色食品介于两者之间。所以说，到目前为止，有机果品是要求最为严格的安全健康果品。

有机果品除了在生产过程中有严格的控制体系外，对产地环境条件也有严格的要求。有机果品的生产基地必须选择远离城镇、交通干线、化工厂、垃圾处理厂等有污染源的地区，生产基地的空气质量和灌溉用水必须达到国家规定的有关标准。作为一种农业生产模式，有机果品生产并非强调首先要有一个非常清洁的生态环境，原则上所有能进行常规果品生产的地方都能进行有机果品生产。有机农业强调转换期，通过转换恢复农业生态系统的活力，作为多年生植物，有机果品生产一般需要3年左右的转换期。

中国有几千年的农业发展史，传统农业中的精华是中国农业文明的结晶，精耕细作、巧施农家肥、遵循二十四节气、重品种重水利重土壤、保墒护墒、土法治虫等等，其中已经有相当部分是朴素的有机农业思想，所以说中国有发展有机果品生产的传统文化基础。我国有机农业发展和有机果品开发，真正意义上起步于20世纪90年代初，是在80～90年代生态农业示范基础上向更高层次的发展。虽然不足10年时间，但发展还是比较快的，有机果品生产基地已达数十万亩之多，年产量近20万吨。目前，我国通过认证的有机果品种类有猕猴桃、苹果、梨、桃、柑橘、葡萄、草莓、菠萝及其他干果等。预计今后10年，我国有机果品占国内果品消费市场的比例有望达到1.0%～1.5%，甚至更高。相信在不久的将来，有机果品能够成为普通家庭的消费选择。

（杨储丰）

什么是植物全息现象

"全息"，是1948年物理学家弋柏和罗杰斯发明了光学全息术后提出的一个概念。1973年，我国26岁的医药工作者张颖清，根据自己的针灸实践，发现了人第二掌骨侧穴位群的全息规律。继而他刻苦钻研，不断扩大试验，发表了有关"全息生物学"的论文和专著。他在全息生物学的论著中提出了不少植物的全息现象。

在物理学上，全息的概念是明白易懂的。例如，将一根磁棒折成几段，每个棒段的南北极特性依然不变，每个小段与它原来的整根棒全息。但是，"生物全息"的概念，可能还未被人们熟知。所谓"生物全息"，就是生物体每个相对独立的部分，在化学组成模式上与整体相同，是整体的成比例的缩小。

植物的全息现象，在大自然中，已从形态、生物化学和遗传学等方面找到了论证的实例，本文作者也曾于1985～1986年发表论文，曾以组织培养方法加以论证过。你注意过马路边的棕榈树吗？它的一张叶子，由蒲扇似的叶片和长长的叶柄组成，仔细观察一下叶子的整个外形，当把它竖在地上与全株外形相比时，就会发现，它们的外形是多么的一致，只是比例的大小不同而已。一个梨子，它的外形与它的整棵树形吻合。叶脉分布形式与植株分枝形式也全息相关，如芦苇、小麦等具平行叶脉的植物，它们都是从茎的基部或下部分枝，主茎基本无分枝；相反，叶脉为网状的植物，则它们的分枝多呈网状。在植物的生化组成上，也有明显的全息现象。例如，一片高粱叶上的氰酸分布形式与整个植株的分布形式相同。在整个植株上，上部的叶含氰酸较多，下部的叶含氰酸较少；在一张叶上，也是上部含量较多，下部含量较少。

更有趣的是，当进行植物离体培养时，也发现了植物的全息现象。若将百合的鳞片经消毒用来离体培养，发现在鳞片的基部较易诱导产生小鳞茎，即使把鳞片从上到下切成数段，同样发现小鳞茎的发生都是在每个离植段基部首先产生，且每段鳞片上诱导产生小鳞茎的数量，遵循由下至上递增的规律。这种诱导产生小鳞茎的特性与整株生芽特性相一致，呈全息对应的关系。在植物组织培养过程中，以大蒜的蒜瓣、甜叶菊、花叶芋和彩叶草等多种植物叶片为外植体，进行同样的试验观察时，都能见到这种全息现象。

植物全息的规律应用于农作物的生产实践，已产生了惊人效果，例如，马铃薯的栽种，习惯以块茎上的芽眼挖下作“种子”。但有史以来，人们并没有考虑到块茎上芽眼之间的遗传势差异。根据植物全息的原理，想来这些芽眼之间必定会有特性的区别。马铃薯在全株的下部结块茎，对于全息对应的块茎来说，它的下部（远基端）芽眼结块茎的特性也一定较强。于是，为了证实上述的想法，科学家做了系统的试验。分别以“蛇皮粉”“同薯 8 号”“跃进”“68 红”和“621X 岷 15”等 5 个马铃薯品种的块茎为材料，将它们的芽眼切块分成远基端芽眼和近基端芽眼两组，进行种植比较试验。实验结果，以 5 个品种远基端芽眼切块制种生产时，各个品种都增产，平均增产达 19.2%。

上述在农业上的全息应用实例给人以启示。人们自然会问，小麦、水稻……它们的留种应该采用什么部位制种呢？这些有趣而具生产实践意义的全息课题，目前不少人正在试验观察中。不过，人们在长期的生产实践中，个别的生产措施，也是符合生物全息律的，只不过未意识到这点罢了。例如，我国不少地区种植玉米的农民，他们在留种时，习惯把玉米棒中间（或偏下）的籽粒留下作种，而把两端的籽粒去除，确保玉米的年年丰收。这种玉米籽粒的留种方法是符合生物全息规律的。因为玉米棒子是在植株的中间或偏下部分着生的，而作为植株对应全息的玉米棒，其中间（或偏下）着生的籽粒，在遗传优势上也一定较强，经试验，以这种方法制种，的确可以增产 35.47%。

全息生物学观点的提出，虽然只有短短的几年，但已引起不少人的强烈兴趣，国内已先后 4 次召开全国性的学术会议，交流了各方面的研究信息，其中，植物全息方面的论文也有一定的数量。在国外，日本、巴西等国的有关学者对“全息生物学”的提出，给予了极高评价。目前，植物全息现象的观察研究方兴未艾，无数未解之谜还有待人们去揭开。

（倪德祥）

世界上有吃人的植物吗

近些年来，许多报刊不断刊登有关吃人植物的报道，有的说它在南美洲亚马孙河流域的原始森林中，也有的说在印度尼西亚的爪哇岛上时有发现，纷纷扬扬，众说不一。在这些报道中，对各种不同的吃人植物的形态、习性和地点方面作了详细描述，结果使许多人相信，世界上的确存在这样一类可怕的植物。但十分遗憾的是，在所有发表的有关吃人植物的报道中，谁也没有拿出关于吃人植物的直接证据——照片或标本，也没有确切地指出它是哪一个科，或哪一个属的植物。为此，许多植物学家对吃人植物是否存在的问题产生了怀疑，它成了植物学领域中一个令人感兴趣的谜。

追踪有关吃人植物的最早消息来源，是来自于19世纪后半叶的一些探险家们，其中有一位名叫卡尔·李奇的德国人在探险归来后说："我在非洲的马达加斯加岛上，亲眼见到过一种能够吃人的树木，当地居民把它奉为神树，曾经有一位土著妇女因为违反了部族的戒律，被驱赶着爬上神树，结果，树上8片带有硬刺的叶子把她紧紧包裹起来，几天后，树叶重新打开时只剩下一堆白骨。"于是，世界上存在吃人植物的骇人传闻便四下传开了。此后，又有人报道在亚洲和南美洲的原始森林中发现了类似的吃人植物。

这些传闻性的报道使植物学家们感到困惑不已。为此，在1971年有一批南美洲科学家组织了一支探险队，专程赴马达加斯加岛考察。他们在传闻有吃人树的地区进行了广泛搜索，结果并没有发现这种可怕的植物，倒是在那儿见到了许多能吃昆虫的猪笼草和一些螫毛能刺痛人的荨麻类植物。这次考察的结果使学者们更增添了对吃人植物存在的真实性的怀疑。

1979年，英国一位毕生研究食肉植物的权威艾得里安·斯莱克在他刚刚出版的专著《食肉植物》中说："到目前为止，在学术界尚未发现有关吃人植物的正式记载和报道，就连著名的植物学家、德国人恩格勒主编的《植物自然分科志》，以及世界性的《有花植物与蕨类植物词典》中，也没有任何关于吃人树的描写。除此以外，英国著名生物学家华莱士，在他走遍南洋群岛后所撰写的名著《马来群岛游记》中，虽然记述了许多罕见的南洋热带植物，但也未曾提到过有吃人植物。绝大多数植物学家倾向于认为，世界上也许不存在这样一类能够吃人的植物。”

既然植物学家没有肯定，那怎么会出现吃人植物的说法呢？艾得里安·斯莱克和其他一些学者认为，最大的可能是根据食肉植物捕捉昆虫的特性，经过想象和夸张而产生的，当然也可能是根据某些未经核实的传说而误传的。根据现在的资料已经知道，地球上确确实实存在着一类行为独特的食肉植物（亦称食虫植物），它们分布在世界各国，共有 500 多种，其中最著名的有瓶子草、猪笼草、茅膏菜和捕捉水下昆虫的狸藻等。

艾得里安·斯莱克在他的专著《食肉植物》中指出，这些植物的叶子长得非常奇特，有的像瓶子，有的像小口袋或蚌壳，也有的叶子上长满腺毛，能分泌出各种酶来消化虫体，它们通常捕食蚊蝇类的小虫子，但有时也能“吃”掉像蜻蜓一样的大昆虫。这些食肉植物大多数生长在经常被雨水冲洗和缺少矿物质的地带。由于这些地区的土壤呈酸性，缺乏氮素养料，因此植物的根部吸收作用不大，以致逐渐退化。为了获得氮素营养，满足生存的需要，它们经历了漫长的演化过程，变成了一类能吃动物的植物。但是，艾得里安·斯莱克强调说，在迄今所知道的食肉植物中，还没有发现哪一种像某些文章中所描述的那样：“这种奇怪的树，生有许多长长的枝条，有的拖到地上，就像断落的电线，行人如果不注意碰到它的枝条，枝条就会紧紧地缠来，使人难以脱身，最后枝条上分泌出一种极黏的消化液，牢牢把人黏住勒死，直到将人体中的营养吸收完为止，枝条才重新展开。”

关于吃人植物是否存在的谜团，现在还不能下最终的结论。有些学者们认为，在目前已发现的食肉植物中，捕食的对象仅仅是小小的昆虫而已，它们分泌出的消化液，对小虫子来说恐怕是汪洋大海，但对于人或较大的动物来说，简直微不足道，因此，很难使人相信地球上存在吃人植物的说法。但也有一些学者认为，虽然眼下还没有足够证据说明吃人植物的存在，可是不应该武断地加以彻底否定，因为科学家（不包括当地的土著居民）的足迹还没有踏遍全世界的每一个角落，也许，正是在那些沉寂的原始森林中，将会有某些意想不到的发现。

（裘树平）

植物器官在无光下能转绿吗

众所周知，植物之所以有绿色的叶或其他的绿色器官，主要原因就是含有大量的叶绿素。自从1817年法国化学家佩勒特和卡文通从叶片中分离出一种绿色的物质——叶绿素以后，科学家们开始对这种奇妙的物质进行了深入广泛的研究。

许多年的研究使人们认识到，叶绿素是存在于植物细胞叶绿体中的一类极重要的绿色色素，是植物进行光合作用时吸收和传递光能的主要物质。它的分子结构十分复杂，由四个吡咯环组成的卟啉环、一个镁原子、环戊酮和叶醇等构成。主要吸收红光和蓝光，能进行一些光化学反应，还有许多其他功能。尽管人们对叶绿素在进行光合作用的过程中，还有许多不清楚的地方，但是，大部分学者都相信，叶绿素和光有不可分割的密切联系。

比如生长在阳光下的植物与生长在黑暗中的植物完全不同，阳光下的植物叶子浓绿，而黑暗中的植物叶色发黄，追究其原因就是因为没有光线。几乎所有的植物生理学家都认为，叶绿素的形成必须要有光线照射，而光照则是影响叶绿素形成的主要条件之一。由于在合成叶绿素的过程中，植物通常以甘氨酸和琥珀酸为原料，在许多酶的参与下，经过一系列的转变，成为一种叫原叶绿素酯的化合物。这种化合物经过光照后才能顺利合成叶绿素，当缺乏光时它就停留在这一步上，因此，在黑暗中植物是无法合成叶绿素的。

对以上的观点几乎已无人产生怀疑，但在 1985 年，中国科学院植物研究所学者左宝玉和他的同事，却发现了一个十分有趣的现象。他们在睡莲科一种叫莲的植物种子中，即我们平时常见的莲子，看见里面那个深绿色的莲心（胚）被紧紧包埋在封闭的莲子胚乳中。他们惊讶地感到，莲心自幼生长在从不见天日的胚乳中，为什么还会变得那样绿呢？即使在胚乳的下端有一小孔，通常也是实心的，而且比外壳的其他部分更厚更坚硬。如果按照绿色器官必须在光下才能转绿的理论解释，里面生着的莲心至多也只能是淡黄色，然而它却显得十分特殊，颜色不仅深绿，而且绿中发蓝。

这一非同寻常的现象引起了这几位中国学者的极大

兴趣：究竟是胚乳、薄膜及其外壳能透过某一波段的光而使莲心发绿呢？还是包裹着它的胚乳中存在着有代替可见光的发光物质呢？在莲心内是否发育着与正常叶绿体相同的结构呢？一系列很有意义的问题，使他们开始对莲心光合膜结构和功能的系统进行研究。通过冰冻撕裂、超薄切片电镜术的研究实验，他们在超微结构水平上发现了成长于黑暗胚内的质体中，不仅发育有巨型基粒，而且在超分子水平上发现该基粒类囊体膜上，存在着许多含有捕获太阳能的叶绿素 a/b 色素蛋白复合物的冰冻撕裂颗粒。除此以外，这些捕光叶绿素 a/b 色素蛋白复合物的含量通过凝胶电泳的测定后，在分子水平上得到进一步的验证。同时，经叶绿体含量测定，其叶绿素 a/b 比值很低，反映在光合功能上也有相应的变化。

综上所述，莲心中奇特光合膜结构和功能的发现，对质体只有在可见光下才有基粒形成的经典论述，提出了有力挑战，它提供了自然界中的某些植物，在无光条件下产生叶绿素的证据。这一研究使许多学者把注意力集中到近代科学领域中的一个重大课题——生物物质中是否存在着代替可见光的生物物质？尽管这在今天依然是一个尚未解开的谜，但是一旦该理论被证实，光合作用的机制及其应用将会出现划时代的转折。

（裘树平）

太空植物

太空中究竟能不能生长植物呢？这是一个激动人心的问题。为了要让月球成为人类的花园和粮仓，让凄凉的星球变得生机勃勃，让美丽的幻想变为未来的现实，全世界许许多多的科学家，开始了将植物送入太空的创新研究。

20 世纪 60 年代，第一艘载人宇宙飞船冲破大气层，克服了地心引力，成功地进入太空遨游，此后，各种各样的“空间站”开始在星际轨道上运行。空间站实际上就是太空实验室，能在太空中停留相当长的时间。所有这些成就，为植物进入太空奠定了基础，科学家们开始在空间站里培育、种植植物。

从理论上说，在太空失重的环境下，能减少对植物生长的抑制，再加上一天 24 小时都有充足的阳光，植物生长的条件比在地球上优越得多。科学家们期望，空间站能结出红枣一样大小的麦粒，西瓜般大的茄子和辣椒。

但最初的实验结果实在糟透了。那是1975年，在苏联“礼炮4号”宇宙飞船上，宇航员播下小麦种子后，一开始情况良好，小麦出芽比在地球上快得多，仅仅15天，就长到30厘米长，虽然是没有方向的散乱生长，但终究是一个可喜现象。可在这以后，情况越来越不妙，小麦不仅没有抽穗结实，反而枝叶渐渐枯黄，显示出快要死亡的症状。

是什么原因导致植物不能在太空正常生长？科学家们开始寻找失败的根源。我们都知道，任何物体进入太空都会遇到失重，失重会给人和植物带来许多意想不到的麻烦，植物在失重情况下，通常只能活几个星期。

为什么植物对“重力”这么依恋呢？原来，长期生活在地球上的植物，形成一种独特的生理功能，因为有重力的作用，植物体内的生长激素总是汇集在茎的弯曲部位，而这种生长激素，恰恰是控制植物生长的重要物质，只有当它聚集在适当位置时，才能有效地控制植物向空间的生长方向。一旦处于失重状态，情况就不同了，植物的生长激素无法汇集到茎的弯曲部，使幼茎找不到正确的生长方向。幼茎只能杂乱无章地向四下伸展，这样要不了多久，植物就会自行死亡。

找到了失败的原因，下一步是寻求解决方法，于是，科学家们又马不停蹄地开始了一场新的试验。

解决失重问题，最直接的方法当然是建立人工重力场，但要在小小的空间站里用这个方法，实在很难行得通。正在这令人困惑的时候，有位名叫塞姆·拉西克夫的美国生理学家，提出了一个富有创造性的建议。

他认为，“电对整个生物界起着巨大作用，在地球的表面，每时每刻都通过植物的茎和叶，向大气发射一定量的电子流。这对植物营养成分和水的供应产生很大影响。另外，地球上的土壤和植物之间，存在明显的电位差，这种电位差有利于植物从土壤中吸收营养。如果在失重条件下，植物与土壤之间没有了电位差，也不再向空中发射电子流，也许，这就是导致太空栽培植物失败的原因”。

这个建议很符合科学逻辑性，科学家们决定采用电刺激方法，来解决失重给植物生长带来的问题。

他们设计了一种回转器，将葱头栽种在回转器上，每两秒钟改变一次方向，也就是在两秒钟内，植物从正常状态（绿叶朝上）到反方向（绿叶朝下）。

这就相当于在失重状态下，植物没有了“天”和“地”之分。回转器上种着两个葱头，一个被通上电源，受到一定的电压，另一个则不通电源。结果，那个没接通电源的葱头，到了第 4 天，便出现绿叶开始向四处分散、杂乱无章地伸展的现象，又过了 2 天，叶子出现枯黄萎缩，趋于死亡。而另一个受电刺激的葱头，恰恰与它的伙伴相反，就像长在菜畦里一样绿油油的，挺拔而又粗壮。

后来，科学家又将这两个葱头互相调换，不到一星期，奇迹发生了。那只快要死去的葱头受到电刺激后，脱去了枯萎的叶片，重新长出新鲜绿叶，而原先充满生机的葱头，因为失去了电刺激，很快停止了生长，叶梢变得枯黄卷曲。

（裘树平）

植物体内的动物现象

“丁零零！”日本某警察局的电话铃急促地鸣响起来，报告一位妇女在家中被人谋杀。10 分钟后，法医山本茂随警察赶到现场，对死者的血型进行化验。这时，他脑海中突然闪现出一个有趣的念头，想顺便化验一下死者枕头内的荞麦皮，结果他惊奇地发现，荞麦也有与人类相似的血型——AB 型，这是多么不可思议的新鲜事啊！

谁都知道，植物和动物是两大类截然不同的生物，但随着对植物科学的深入研究，人们不仅了解到植物有血型，后来又发现在植物体内，还存在着许多其他有趣的动物现象。

人类有不同的血型，A 型、B 型、O 型和 AB 型以及其他血型。许多动物也有类似的血型。但最使人感到奇怪的是，某些植物也有血型。

最早发现植物血型的人就是我们开头介绍的日本法医山本茂。他曾收集了600多种植物的种子和果实，专门进行ABO系血型的广泛调查，然后将这些植物按照不同的血型分别归类。比如，葡萄、山茶、山槭、芜菁等植物属O型植物；桃叶珊瑚等植物归属于A型植物；扶芳藤、大黄杨等植物被归到B型植物。此外，他还把荞麦、李树、珊瑚树、地锦槭等植物归属到AB型植物。

当然，植物体内的汁液与人体中的血液有所不同，这儿指的植物血型物质，实际上主要是汁液中糖蛋白一类的成分，它们与人体内的血型物质相似。如今，这种新型的研究方法，为一门新的植物分类方法——植物血清分类法，奠定了重要基础。

▼ 丛枝扶芳藤

最近，一些植物学家在研究树木增粗速度时惊异地发现，活的植物树干，有类似人类脉搏一张一缩跳动的现象，而且这种植物“脉搏”还有明显的规律性呢。也许有人会问，植物“脉搏”究竟是怎么回事？说来也并不神秘，它属于植物正常的生理现象，只不过以前一直没有被人注意罢了。

每逢晴天丽日，太阳刚从东方升起，植物的树干就开始收缩，一直延续到夕阳西斜。到了夜间，树干停止收缩，开始膨胀，直到第二天早晨。

植物这种日细夜粗的搏动，日复一日，周而复始，但每一次搏动，膨胀总略大于收缩，树干就这样逐渐增粗长大。

遇到下雨天，树干“脉搏”的收缩几乎完全停止，这时它总是不分昼夜地持续增粗，直到雨后转晴，树干才重新又开始收缩，这可以算得上植物“脉搏”的一个“病态”特征。

如此奇怪的“脉搏”现象，原来是由植物体内水分运动引起的。当植物根部吸收的水分与叶面蒸腾的水分一样多时，树干几乎不发生粗细的变化；如果吸收的水分超过蒸腾的水分，树干就要增粗；相反，在缺水时，树干又会收缩。

知道了这个道理，植物“脉搏”的现象就很容易解释了。在夜晚，植物气孔总是关闭着，这就使水分蒸腾大大减少，树干就要增粗。在白天，植物大多数气孔都开放，水分蒸腾增加，树干就趋于收缩。植物的“脉搏”现象主要出现在相当多的木本植物中，尤其是一些速生的阔叶树。

▼ 洒金珊瑚

如果有人说，植物也像动物那样有记忆能力，恐怕你听了不会相信，但这种说法有一定的科学根据。不久前，科学家们在一种名叫三叶鬼针草的植物身上进行了一项有趣的实验。

结果证明，有些植物不仅具有接收信息的能力，而且还有一定的记忆能力。

这项实验是法国克累蒙大学的学者设计的，他们选择了几株刚刚发芽的三叶鬼针草，整个幼小的植株，总共只有两片形状很相似的子叶。

一开始，研究者用 4 根细细的长针，对右边一片子叶进行穿刺，使植物的对称性受到破坏。过了 5 分钟后，他们用锋利的手术刀，把两片子叶全部切除，然后再把失去子叶的植株放到条件很好的环境中，让它们继续生长。想不到 5 天后，有趣的情况发生了。那些针刺过的植株，从左边（没受针刺）萌发的芽生长很旺盛，而右边（受到过针刺）的芽生长明显较慢。这个结果表明，植物依然“记得”以前那次破坏对称性的针刺。以后科学家又经过多次实验，进一步发现，植物的记忆力大约能保留 13 天。

▼ 山茶

植物怎么会有记忆的呢？科学家们解释说，植物这种记忆当然不同于动物，它们没有与动物完全一样的神经系统，可能是依赖于离子渗透补充而实现的。应当说，关于植物记忆的问题，在目前还是一个没有被彻底解开的谜。

植物并不总是默默无声的，它们经常用声音来“抒发”自己的

“情怀”。

最近，美国一家磁带公司推出一种新奇的产品——“植物之声”磁带，磁带中所收集的都是各种植物的“歌声”。要录下植物的声音可不简单，科学家把一种极敏感的电压装置巧妙地接在植物叶片上，捕捉植物体内微弱的电压变化，然后再将这些电压变化经过转换，变成人们能听见的声音。

各种植物发出的声音，音域很广，有高音，有低音，也有中音。在不同的环境中，同一植物也会发出不同的声音，有的好像笛子演奏，有的好像病人在叹息。植物“歌唱家”中，“嗓门”最大的要数西红柿。

在聆听植物发声时，科学家还发现了一个十分有趣的现象。有些植物原来的叫声很难听，可当它们得到适宜的阳光照射或处于湿润的条件下时，声音就会变得动听起来。有些植物的声音还会随着环境光线明暗而变化。也许有一天，我们还能根据植物的声音来诊断植物的健康，监测环境污染，甚至实现人和植物的对话。

（裘树平）

植物的发光现象

在动物界中，有一种会发光的神奇小昆虫，名叫萤火虫，当它们在夜空中飞行时，犹如无数盏时明时暗的小灯，在夜空中流动。有趣的是，植物界中也有不少成员具备发光的本领，它们中既有肉眼看不见的藻类植物，也有高大的乔木。

非洲的新几内亚岛，是 16 世纪被人发现的，岛上除了莽莽苍苍的原始丛林外，只有少数黑皮肤的土著人。

大约 300 年后，荷兰远征军入侵该岛，在那儿建立了一块殖民地。由于当地的土著人勇敢好斗，经常躲在暗处用毒箭袭击入侵者，荷兰人感到处境困难，为了保证安全，他们在沿海附近建立了一座城堡，取名为巴博城。

建城两个月后的一个夜晚，天气特别可怕，从下午开始，天空中就乌云密布，到了晚上，更是漆黑一片，伸手不见五指。海滩上的荷兰卫兵，在狂风呼啸、海涛怒吼的环境中，战战兢兢地持枪执勤，全神贯注地望着远方。突然，他的目光被海岸上出现的微弱光点所吸引，那光点渐渐向他逼近，形成了一长串。过了片刻，卫兵前去查看，四周空无一人，沙地上却留下一串串发光的亮脚印。

这个恐怖现象使巴博城的居民人心惶惶，大家一致认为，只有魔鬼才能留下这样可怕的亮脚印。正当人们为此议论纷纷时，另一位荷兰士兵通过自己的亲身经历，解开了魔鬼脚印之谜。

同样是一个风雨交加的夜晚，那个荷兰士兵去海边查看船只是否拴牢，这时，城堡上的人惊奇地看见，在他的身后也留下了一串亮脚印。于是大家都怀疑他与鬼魂有来往，甚至嚷着要杀死他。可出人意料的是，立即奉命去跟踪他的其他士兵，在潮湿的海边沙滩上也都留下闪闪发光的脚印。这一下大家才知道，凡是在这样的风雨之夜，无论是谁在海滩上行走，均会留下发光的脚印，而魔鬼是不存在的。

大家一定会感到奇怪，脚印怎么会闪亮发光呢?

原来，在大海之中生存着 1 000 多种极微小的植物和动物，它们有与众不同的特性，就是身体能放出荧荧的亮光，科学家给它们起名为发光生物，它们的细胞内常含有荧光酶或荧光素，当遇到触动刺激或氧气十分充足时，便产生光亮。

大多数发光生物都需要生活在有水的环境中，大海对它们来说真是最理想的生活天地。海洋中最常见、数量最多的是一种藻类植物——甲藻，它们小得肉眼看不见，有时在大海中出现神奇的绚丽光焰，就是它们的杰作。当大量的甲藻被海浪抛上岸后，并没有马上死去，而是静静地躺在潮湿的沙滩上“休息”，这时如果有人沿岸而行，它们受到人脚触动刺激后会重新发光，于是，便在人的身后留下一串“魔鬼亮脚印”。

海洋中有会发光的植物，陆地上也不例外。

在山区的夜晚，偶尔能见到远处的朽木在闪闪发光。这是怎么回事？原来，在枯树烂木中，常常腐生着一些腐败细菌，它们的菌丝遇到空气中的氧，会产生一系列化学反应，并发出光亮。

除了朽木，生长旺盛的树也会发光。日本有一种小乔木，树皮上寄生着会发光的大型菌类植物，每逢夏季来临，它们便在树上闪闪发光，夜晚时远远望去，好像无数星星点点的荧光。在非洲北部有一种树，不管白天黑夜都会发光，开始，人们不知道它的底细，恐惧地称它为“恶魔树”，后来才发现，这种树的根部贮存着大量磷质，同氧气一接触，就整天发光了。

在我国也有不少会发光的树。1961年，江西省井冈山地区发现了一种常绿阔叶的“夜光树”，当地居民叫它“灯笼树”。这种树的叶子里，含有很多磷质，能放出少量的磷化氢气体，一进入空气中，便产生自燃，发出淡蓝色的光。尤其在晴朗无风的夜晚，这些冷光聚拢起来，仿佛悬挂在山间的一盏盏灯笼。

镇江市丹徒区曾有棵奇怪的柳树，每逢漆黑的夜晚就会闪烁出淡蓝色的光芒，即使在狂风暴雨之夜，也不熄灭。这个奇怪的现象，引出了许多迷信传说。后来经过科学家研究，发现柳树放光原来是真菌耍的把戏。这种真菌叫假蜜环菌，因为它能发光，又叫亮菌。不管是树木、蔬菜和水果，只要着生了亮菌，都变成发光植物了。

在发光植物中，最有趣、最美丽的要数“夜皇后”发光花了。这种植物生长在加勒比海的岛国古巴，每当黄昏降临时，它的花朵就开始绽放，并星星点点地闪烁明亮的异彩，仿佛无数萤火虫在花朵上翩翩飞舞，美

◀ 垂柳

丽极了。有意思的是，一旦沉沉的黑夜逝去，它的花朵好像完成了历史使命，很快就凋谢了。也许正因为这种特殊的习性，人们送给它一个美丽的名称——夜皇后。

夜皇后为什么会在夜间闪闪发光呢？原来，这种花的花瓣和花蕊里，聚集了大量的磷。磷与空气接触就会发光，遇上阵阵吹来的海风，磷光变得忽明忽暗，很像萤火虫在闪光。这时，夜晚出来活动的昆虫，见到光亮，向花儿飞去，帮助夜皇后传播花粉，繁衍后代。夜皇后的花朵放光，实际上也是它适应环境的一种特别手段。

植物发光的确是难得一见的新奇事，因此常常引起许多迷信说法，使人感到恐惧不安。其实，对它们真正了解后，非但不可怕，对我们人类反而大有用处呢。

这样的例子有很多，例如，故意在人体伤口上感染发光细菌，到了夜晚，伤口处会发出荧光，控制其他有毒细菌繁殖，促使伤口加快愈合。药物学家在试验麻醉剂等药物效用时，也常常用发光细菌的光度作为指标。近年来，人们还用亮菌制成各种药品，用来治疗胆囊炎、急性传染性肝炎等疾病，十分有效。

（裘树平）

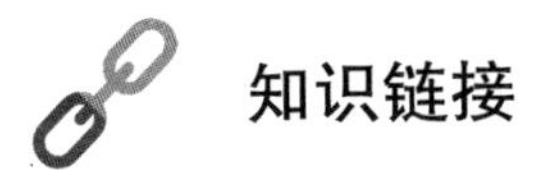

知识链接

海上“渔火”

长期生活、工作在海里的船员、海军经常会在天气晴朗的夜晚看到海面上呈现一大片蓝绿色或者乳白色的闪光，人们把这种现象叫作“渔火”。这些“渔火”并不是海底火山之类的东西，而是海里藻类、细菌和某些海洋浮游生物大量聚在一起而形成的人们肉眼能看到的生物光。这种“渔火”是一种高效率冷光，它的光能转换率大于90%，而通常人们使用的白炽灯、日光灯的光能利用率相当低。这种生物光的波谱成分十分柔和，适合于人的眼睛，没有刺激作用，仿生工程师通过研究以及模拟生物光制造节能煤和节能电源。

耐寒植物的花朵为何发热

冰天雪地的北极地区，几乎终年严寒酷冷，即使在比较温暖的季节，气温也常常低于冰点。然而那儿的植物却能在冰雪中开花，更令人奇怪的是，它们的花朵之内要显得更温暖一些，好像装有恒温器的暖房那样，温度总比外界要高一些。这是一个令人着迷的问题，也是一个使科学家们百思不得其解的谜。

20 世纪 80 年代初，瑞典伦德大学植物生态系的 3 位植物学家克捷尔伯雷、卡尔森和卡斯托森，发现北极大部分植物的花朵，几乎都有追逐太阳的习性，这会不会与花朵内温度提高的现象有关呢？于是他们用仙女木花做了一个有趣的实验。科学家先用细铁丝固定仙女木花的花萼，阻止它的向阳运动，然后在花朵上安放一个带有细铁丝探针的温差电阻束测定温度。当旭日东升气温升高时，被试验的花朵与未被试验花朵内的温度相比要低 0.7 ℃。于是这几位植物学家认为，北极气候寒冷，花朵的向阳运动，能像孵卵器那样聚集热量，有利于结果和种子的孕育。

但是，美国洛杉矶加利福尼亚大学的植物学家丹·沃尔和他的研究小组最近发现，有一种叫臭菘的极地植物，长着一片漏斗状的佛焰苞，把中央的肉穗花序裹得严严实实。特别是在为期两周的开花时间内，佛焰苞内的温度总是恒定保持在 22 ℃。用瑞典植物学家植物向阳运动的理论，显然无法解释这一奇怪的现象。那么臭菘是怎样产生热量的呢？又是怎样来调节体内“温床”的呢？花朵发热对自身究竟有何好处呢？

经过一系列的研究测定，他们发现在臭菘植物体内存在着一种特殊的结构——乙醛酸体，它能进行特殊的化学转化活动，当臭菘植物体内的脂肪转变成碳水化合物后，乙醛酸体释放出的能量就可以被花朵中的“发热细胞”所利用。

正当他们要进一步证明这一论点时，丹·沃尔又从另一种叫喜林芋的植物“热”花朵中，发现它并不存在脂肪转换为碳水化合物的任何迹象，甚至连那些与转化过程有关的酶都没能找到。但是，他发现在花朵的雄性不育部分中，有一些变态的“发热细胞”内充满脂肪。这一惊人的发现意味着植物能够直接利用脂肪，而不需要通过转变成碳水化合物的过程，很显然，臭菘和喜林芋用两种不同的方式产生热量。可是，这种“发热”的本领对植物有什么意义呢？

对于这个问题，丹·沃尔提出，花朵内有了充裕的热量，就能大大加速花香四溢，对甲虫、飞蛾一类的传粉使者有极大诱惑力。虽然臭菘的“花香”同粪臭或尸臭几乎无异，使人闻之作呕，但这种气味正好引诱那些爱好臭味的昆虫，招引它们前来传播花粉。

丹·沃尔的论点引发了学者们的争论。美国植物学家罗杰·克努森认为，臭菘植物提高局部温度不仅仅是为了引诱昆虫，更重要的是为了延长自身的生殖时期。当这类原来祖居热带的植物来到北方时，随身带上这套特殊的加热系统，方能在寒冷的异乡有足够的时间来从容不迫地开花、结果和产生种子。再说，如果用加热促使花香或花臭气味散发来引诱昆虫的论点来解释的话，喜林芋不会散发出浓烈的气味，加热似乎并不能为它带来任何好处。

对此，丹·沃尔辩解说，昆虫的肌肉在气温低时几乎难以正常工作，如蜜蜂在低于 15 ℃的环境中飞翔就不灵活。这时，发热的花朵无疑像一间间温暖的小房，引诱昆虫前来寄宿。就喜林芋来说，它有一位积极的传粉者——金龟子，每当金龟子在寒冷的夜晚踯躅前行时，如果遇上一个“花房温室”，马上会恢复生机，而喜林芋花朵内的温度几乎比外界气温高出 5 ℃～10 ℃，自然就成了昆虫的“天堂”。

关于植物花朵发热的问题，现在依然众说纷纭，大多数学者认为，只有掌握更多的、更深入一步的证据材料，才有可能完全揭开这个谜团。

（裘树平）

奇妙的菌类植物

菌类植物是一类没有叶绿素的异养植物，它们不能进行光合作用，无法自己制造营养物质，只能通过寄生或腐生的生活方式生存。我们平时说的菌类植物，主要是指一些肉眼能看见的大型真菌，它没有根、茎、叶的分化。菌类植物中有许多是鲜美的食物和著名的药材，还有不少有着很古怪的生活习性。

很多年前，有一位喜欢旅行的法国作家哈德·克鲁普，孤身一人去南美洲探险旅行，当他踏进巴西的热带丛林，不禁为眼前奇异壮观的自然景色所陶醉。

这一天，他穿过一片浓密的灌木丛林，在林中的空旷草地上，看见一只奇怪的白色“小蛋”。起初，他以为是鸟蛋或蜥蜴产的卵，用手去摸一摸，发现它软绵绵的，还有点弹性，克鲁普感到很奇怪，正想把它拿起来看个究竟，突然发现这个“蛋”在不断膨胀，而且“蛋壳”上很快出现了细微裂缝，接着又绽裂成两半，从里面跳出一个橙黄色的小伞，哇！原来它是一只有趣的蘑菇。

这只蘑菇的生长速度快得惊人，仅仅两小时，就长高了许多。克鲁普被深深吸引住了，出神地观察着，不知不觉，天色已近黄昏，快速生长的蘑菇又发生了更令人吃惊的变化。只见它那个黄澄澄的伞盖下，突然抖落出一道雪白透明的网格“薄纱”，一直拖到地面，好像欧洲贵妇人穿的长裙。紧接着，从这只美丽而又奇异的蘑菇身上，散发出一阵阵腐烂难闻的恶臭味。

▼灵芝

这时，已是夜幕低垂，一道绿宝石般的光辉从伞盖下放射而出，映照着网格“薄纱”，光彩夺目，臭味和光亮招引来无数小虫，绕着它飞舞。克鲁普整夜守候在蘑菇旁，欣赏着大自然中这难得一遇的奇景。后来他回国询问了植物学家，才知道这种奇异的蘑菇属于竹荪类真菌，还是一种营养价值高、味道鲜美的食用菌。

南美洲的有趣菌类还真不少，被称为“植物催泪弹”的马勃，更是菌类植物中的奇特“公民”。

凡是到南美洲热带密林去考察过的人都知道，千万别随意招惹马勃，如果不小心将马勃踩破，那可就要吃大苦头啦。有一位从南美洲回来的考察队员，在他的回忆录中，生动地描述了与马勃遭遇的情景：

“这一天，我在森林中独自行走，前面有个被枯枝落叶遮没的树坑，没留神，我一脚踩空，摔了个嘴啃泥。当我从坑中拔出脚来，正在暗自庆幸没有受伤时，右脚下却发出了‘叭’的一声，一个东西被踩破了。顿时，我的眼前黑烟弥漫，一片漆黑，鼻子受到了黑烟的强烈刺激，感到一阵阵酸溜溜的大量的眼泪从眼眶中涌出，还连连打着猛烈的喷嚏，我甚至担心鼻子是否会震掉下来。过了好一阵子，身边的黑烟终于散去，这时我才看到，脚下有一个类似南瓜的白色大球，破裂处还有少量的黑烟袅袅散出，原来，这就是号称‘植物催泪弹’的马勃。”

马勃的外形呈圆球状，当它长大成熟后，会自动爆裂，“肚子”里的大量黑色粉末犹如黑烟一般喷发出来。马勃中的“黑烟”究竟是什么东西呢？原来，这是它用来繁殖的粉孢子。当它被碰破或成熟后，这些粉孢子便四散纷飞，飘落到地面后又能长出新的小马勃。

由于马勃的“黑烟”对人的刺激性很强，南美洲的印第安人还把它当作一种特殊武器，来抵抗敌人呢。欧洲殖民军就吃过不少马勃的苦头，他们为了掠夺南美洲的橡胶资源，曾派大量军队侵入南美洲。当地的印第安土著人为了抵抗殖民主义者，经常把敌人引到马勃丛生的密林中，自己则隐蔽起来，等敌人踏上了马勃，被“黑烟”熏得狼狈不堪时，就跳出来乘机反攻，把敌人打得落花流水。

在菌类植物中，还有一类能使人产生幻觉的蘑菇。吃了这类蘑菇的人，眼前会出现许多奇怪的幻景，完全进入到虚无缥缈的境界之中。

在墨西哥，就经常能见到魔术师利用它玩把戏。魔术师表演时，当着围观人群的面，把一包药粉分给某一位观众吃，不久之后，那个吃药人会表现出种种反常行为：浑身肌肉松弛无力，眼睛瞳孔放大，精神极度兴奋，对周围环境产生了隔离的感觉。这时候，他的神情看上去是清醒的，但举止行为却荒诞怪异，把真事当作假事，把梦幻当作现实。为什么这个人会变得如此古怪呢？其实，这是致幻蘑菇作的怪，魔术师把它磨成粉，正常人吃了就变得不正常了。

致幻蘑菇大多数都有毒，不同的种类会产生不同的效果。例如我国云南省的一种小美牛肝菌，人们误食之后，常常表现出喜怒无常，先是不知疲劳地奔跑，然后呆立一旁，好像木偶一般，有时到晚上，眼前还会出现许多 1 尺高的小人，穿红戴绿，舞刀弄枪，在周围奔走穿行，使中毒者陷入深深的恐惧之中。

另一种叫毒蝇伞的蘑菇更可怕，中毒者不仅会浑身发抖，神志不清，而且在他的眼睛里，看到的东西都被放大了好多倍，普通人在他面前，一个个都成了“超级金刚”，顶天立地，硕大无比，显得可怕之极。

这类蘑菇为什么会使人产生幻觉呢？科学家们经过研究后发现，它们中含有一些与人类大脑中的神经传递介质很相似的物质，它进入大脑后，干扰了大脑的正常活动，结果产生出种种幻觉和幻想。

过去，这些蘑菇被用来变魔术骗人，现在它们的秘密被揭开后，反而成了造福于人类的宝贝，科学家们用它们制成各种药品，来治疗疾病，特别是对精神病患者有很好的疗效。

菌类植物中还有一位很奇怪的成员，名叫冬虫夏草。这个名字听起来，好像一半是动物，另一半是植物，实际上，它是一些菌类植物寄生到昆虫身上，最后形成虫和菌的结合体。

冬虫夏草不仅作为一种珍贵的传统药用植物受到人们的关注，更使人感兴趣的是，它的形成过程十分有趣。

当秋天到来时，菌类植物用来繁殖后代的孢子，开始逐渐成熟。孢子极细极轻，随风四处飘荡，有的落在准备到地下过冬的昆虫幼虫身上。小小的孢子钻进幼虫体内，起初对幼虫的妨碍不大，小虫仍能够正常生活。但到了第二年，孢子在虫体内萌发出一根根菌丝，拼命吸取幼虫体内的营养。不久之后，幼虫只剩下一个空壳，而空壳之内却被菌类植物所充满。

到了夏天，菌类植物便从幼虫空壳的顶部抽出一根细长的“棒”，露出地面，这就是它名称的后一半“夏草”了。

这根“棒”的上半部分膨大，表面还会长出一个小球，小球里面又隐蔽着无数孢子。一旦时机成熟，它们又会散布到其他地方，再次钻入蝶蛾类幼虫体内，长成新的冬虫夏草。

（裘树平）

草花能作盆景吗

盆景是中国特有的一类传统艺术，它由植物、石材和上等的盆、盘构成，通过艺术构思、技术造型和精心培育而成。盆景以树、石为材料，再现自然风光中的一个小片断，所以盆景被誉为无声的诗、立体的画。

制作盆景一般采用多年植栽的树桩加以修剪、加工，再配以造型优美的石块，有的还要点缀上微型陶制的亭、桥、人物、禽兽等装饰品，一个上好的盆景一般要经过几十年甚至上百年才能完成，所以大家对盆景的制作望而却步。

这里要介绍的是一种简易树桩盆景的制作方法，可在两三年内完成，而且有出人意料的效果。

盆景的植物材料是紫茉莉。

紫茉莉的学名 *Mirabilis jalapa*，属紫茉莉科紫茉莉属，别名草茉莉、夜饭花、胭脂花或地雷花。这是一种非常普通的多年生草本植物，只要将花籽播在较为潮湿的地方，它很快就能出苗、开花，真可算得上是最易于栽培的一种草花。

紫茉莉花冠高脚碟状，先端5裂，有红、粉、白、黄、红黄相间等色，夕开日闭，有芳香，不耐寒，在稍庇荫处生长良好，性强健，不择土壤，栽培管理粗放，因而南北各地的人们都很喜爱它。我们可利用其多年生块根的特性，选择它作为我们第一个“树桩”盆景的材料。方法为：在地里埋上一块三角形的石块（石块如核桃大小即可），盖土半寸后将一粒紫茉莉种子（最好用重瓣及矮生型）播于其上，种子上再覆土约一寸许，加强管理，种子就在石上发芽、生长、开花。到第一年秋末，将植株从根茎以上第二茎节处（稍上约半厘米）剪断，小心地将根挖出来。因为种的时候种子是放在石块上的，所以挖出来的块根形如鸡爪（根系曲曲弯弯，没有明显的主根了）。然后可将土坨轻轻敲碎，将根系完整地收藏好。将其埋在沙子里，放到温暖而稍潮湿的环境中，注意防止受冻。

第二年春天，将保存完好的块根种在浅盆里，有意露出一部分鸡爪似的根。精心管理，到时候就会生出芽来。管理时一定要控制水肥，抑制其发育，使植株不要长得太大，最好长到0.5～1尺就可以了，还可剪去些不顺眼的枝条，等植株长到五六节时就能开花，成为一个绝好的盆景。这种盆景轻而易举、唾手可得。虽不是盆景中的“名作”，但对业余养花者来说，也可算得上别开生面的佳作，定会招来左邻右舍的不少赞叹！

开过花的盆景，在秋末照前法在第二茎节以上 0.5 厘米处剪断，再照旧浇水、施肥，这样就会第二次发芽，再长出新枝新叶，如能放置在暖和的（最低不要低于 10 ℃）能照到阳光的屋里，冬天又能第二次开花，这种“速成”盆景较之百年的古松、翠柏会另有一番情趣。

冬季花后再如前法保藏，第三年春可将根系种到地里复壮。栽植前先在地里挖一坑，浇水搅拌、使坑中的土成泥浆，再将根插入泥浆中。前一天晚上将根全部插入泥浆，第二天早上就要埋土种植，这样可避免因根间无土留下空隙而致烂根。勤加管理，使紫茉莉长得又壮又大，第三年秋季防冻保藏，第四年春再将其露根种植在浅盆中，这样可使紫茉莉桩显得更古拙典雅，如此多次反复，会越种越好看。

如果能将紫茉莉的“桩”种在一个精美的陶制浅盆中，在紫茉莉的边上再置上一两块相衬的石块，这个树桩盆景就做成了。用多年生草本制作“树桩”盆景确实是一种妙法，除紫茉莉外，还可试用其他多年生矮生草本植物“如法炮制”，如能在修剪整形上下功夫，可化“腐朽”为“奇珍”，读者不妨试试。

这虽然是一项小技术，其实是巧妙地利用植物的自然特性去取得令人赞赏的效果。科学是基础，技术要活用，你说对吗？

（陈尔鹤　赵景逵）

盆景艺术源于中国

陕西省发掘的唐代章怀太子李贤墓穴甬道壁画上有一侍女手捧盆景，可知唐代已有树石盆景作观赏陈设。明清时代盆景盛行，并有专著论述，如文震亨《长物志·盆玩篇》。现今盆景已形成多种流派各有创新，但罕见以草本花卉作材料者。

不速之客——外来入侵生物

细心的人会发现，在我们周围环境中，植物的品种越来越多，这些植物中，很多不是土生土长的本地植物，而是引进的“外援”。客观地说，引进“外援”是件好事，但是任何事情都有两面性，拿引种来说，它是一件非常复杂的事情，稍有不慎，就会好心办坏事，导致“引狼入室”。生态学家把那些引进后演变为对环境有害的生物称为“入侵生物”或“入侵种”。

其实，纵观人类的种植史，人们引进的大部分物种都是有益的，在中国，就连玉米、小麦等常见粮食作物也都是外来物种。一般来说，在所有的外来物种中，只有1/1 000的物种会成为有害的“入侵种”。但是正是这千分之一的概率，却给生态环境带来了巨大的危害。

在这些入侵种中，有许多是植物，它们入侵到新地

▲ 凤眼莲

区以后，如果这里的环境适合它们的生长，它们就会越来越多，并破坏当地的生物多样性，演变为难以对付的外来杂草。目前，一些外来杂草已对我国的农作物、果园、草坪、自然环境和生物多样性产生了严重危害。

在中国，最先引起政府和人们关注的入侵植物是凤眼莲，这种植物又名水葫芦，属雨久花科、凤眼莲属，原产南美，大约于 20 世纪 30 年代被作为畜禽饲料引入我国。现在已经成为世界上许多国家和地区的一种恶性杂草，并被列为世界十大害草之一。我国最先遭受其害的是云南滇池，当时就有科学家预言：滇池的凤眼莲是潘多拉的盒子，说不定哪一天一不留神，把这个盒子拿到别的地方打开，使凤眼莲的魔影出现在中国所有的江河湖泊，引发一场全国性的生态灾难。不幸的是，现在这个预言正在渐渐变为现实，如上海黄浦江、湖北汉江、广东珠江等处，都发生了凤眼莲成灾的迹象。它堵塞河道，影响航运、排灌和水产品养殖；破坏水生生态系统，威胁本地生物多样性；吸附重金属等有毒物质，死亡后沉入水底，构成对水质的二次污染；覆盖水面，影响生活用水，滋生蚊蝇，因此，它可谓“恶贯满盈”。据报道，每年凤眼莲给我国带来的经济损失高达 80～100 亿元，仅上海一市，2003 年人工打捞凤眼莲的费用就突破了 6 000 万人民币。

▲ 正在开花的豚草

除了凤眼莲以外，事实上，我们国家大约还有 400 多种外来动植物，它们每年引起数千亿元人民币的直接经济损失。其中危害较大的植物有紫茎泽兰、薇甘菊、空心莲子草、豚草、毒麦、互花米草、飞机草、假高粱等。

除了植物以外，事实上，一些危害极为严重的外来动物也是引进的。福寿螺便是其中一例。早年，在四川一家研究所，得知福寿螺在国际市场上具有较高的经济价值，就从南美亚马孙河引进来养殖，很快在四川、重庆等地推广。谁知，国际市场并非他们想象的那样一帆风顺，饲养的福寿螺卖不出去，就将原来养螺的水田继续种水稻，但是，谁也不曾想到，福寿螺繁殖能力极强，它们已经在这里扎了根。据统计，福寿螺在重庆荣昌县蔓延以后，全县的水稻产量因此而损失了 20%，它那锋利的外壳还划破农民的脚，真是祸害无穷。

为了控制害虫的危害，人们常常到国外引进一些天敌，这种引进同样也需要谨慎，引种不慎，同样导致灾难。澳大利亚为了控制一种危害甘蔗的甲虫，于是就想到以专吃昆虫的青蛙来捕杀这些甲虫，便引进了一种名为“布富”的大青蛙。这种青蛙在一开始吃甲虫，随着

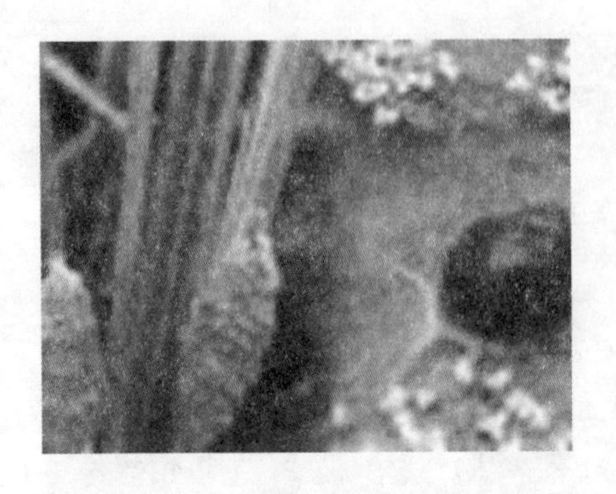

▲ 福寿螺

甲虫数量的减少，许多益虫也成了它们的“盘中餐”，更严重的是，“布富”的肛门附近有特殊的毒腺，喷射出来的毒液不仅能使猫、狗、羊等动物死于非命，也会使人中毒身亡。盲目的引种，让澳大利亚付出了巨大的代价。

生物入侵问题是21世纪最受关注的环境问题之一。要控制生物入侵，需要全方位的合作和参与。首先，要切实加强基础性研究工作，建立和完善入境植物及其产品的风险预警机制；其次，要加强外来生物的检疫管理工作，严格从源头抓起；再次，还要加强有害生物的早期预警和后期治理工作研究，加强全社会防范生物入侵问题的意识。只有通过各方面的合作和协调，才能将生物入侵问题予以控制。

（鞠瑞亭）

知识链接

一枝黄花入侵

加拿大一枝黄花原产北美，因其良好的观赏性，1935年作为观赏植物被引入我国上海、南京，20世纪80年代转为野生后表现出超强的生态适应性和盘踞空间的能力，在入侵地疯狂蔓延，有“黄花开处百花杀”之说。

加拿大一枝黄花是菊科一枝黄花属的多年生草本植物。它的生态适应性强，除水域外几乎所有地方均可分布、生长；它植株生长快，成株高度多在2米以上，最高可达5米；它的种子多，每株有近1 500个黄色花序可产近2万多粒种子，种子轻且有冠毛易随风飘散；繁殖能力强，种子、根茎均可繁殖。所以在2～3年内，加拿大一枝黄花可由一株快速扩散蔓延成一片。

加拿大一枝黄花在入侵地定居后能很快排挤本地种，迅速形成单生优势群落。其结果一是使入侵地的植物种类平衡遭到破坏，使原有植物种类减少或缺失；二是破坏当地农林经济发展，加拿大一枝黄花多是丛状、成片生长，其单优群落会使农作物、果林、经济林、新造幼林、绿化带等失去竞争能力和生长空间，甚至死亡，破坏城市园林生态体系建设，给农、林业造成严重经济损失，影响经济社会发展；三是影响人类健康，加拿大一枝黄花花粉多，能成为哮喘、鼻炎、皮炎等过敏性疾病的过敏源，而且苍蝇等昆虫喜欢觅食其花粉，由此导致一些疾病的传播，对人类健康危害很大。由于加拿大一枝黄花对生态、经济社会发展和人民群众身体健康造成严重影响，被国家生态环境部公布为16种外来入侵有害生物之一。